天才滅絶的職場

殘酷的職場人性法則，是如何扼殺我們的才能？

北野唯我 著
劉愛麦 譯

天才を殺す凡人
職場の人間関係に悩む、すべての人へ

這個故事出自剛設立就破三十萬點閱的人氣部落格——

《爲什麼凡人能殺死天才？》

工作時，
我偶爾會出現這樣的疑問……

爲什麼我的能力
比不上那個人？

我的強項是什麼？

爲什麼他會那樣說話？
那樣做事？

爲什麼同事之間關係這麼糟？

要怎麼做才能更
受人青睞？

我該往哪裡前進？

這個世界是由天才、秀才和凡人所組成

天才

因「創造」
而受青睞

秀才

因「重現」
而受青睞

凡人

因「共鳴」
而受青睞

可是，三方也有相殺的時候

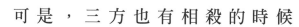

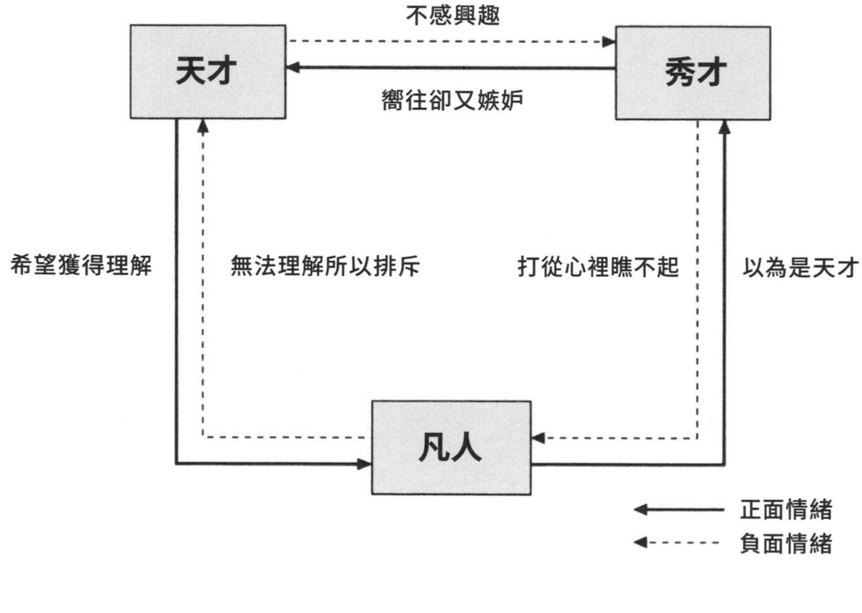

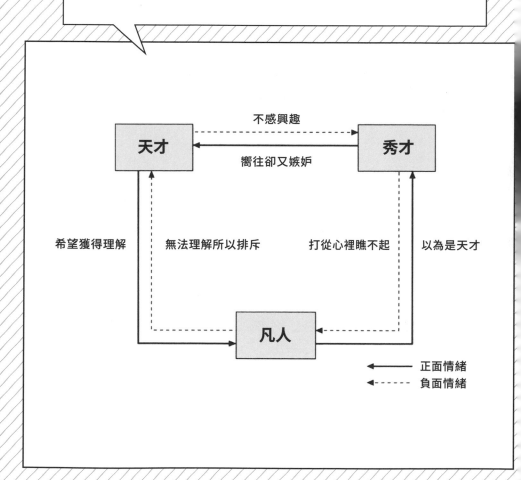

是時候來一場
「天賦之旅」了！

「多數決」
是殺死天才的利刃。

天才倚物理而生，
秀才仗法律而活。

請看清楚自己手上的牌！

秀才對天才抱著
「既嚮往又嫉妒」
的雙面情感。

天才的職責是「驅動世界前進」，
而且要有凡人的協助才做得到！

凡人有成爲
「共鳴之神」的天賦。

前言

工作時，你曾感到「不甘心」嗎？

像是——

「為什麼我比不上某某某？」

「為什麼我總是詞不達意？」

「為什麼沒人懂我？」

先說，我有過。

這其實很正常。任何一個認真對待工作的人，都一定在人生中懊悔過，氣惱「為什麼會變成這樣」。

我們以為這種「不甘心」是衝著他人而來，但其實錯了，這個情緒是向著自己的。

這是一種「因無法活用天賦而感到的焦慮與悲傷」。所以我們才會氣惱不已，覺得自己可以做得更好。

事實上，問題的關鍵在於揭開「天賦」的面紗，說得具體一些，就是認清自己的天賦。

然而，冷靜思考過後，你會發現，要認清天賦是非常困難的。「你的才能是什麼？」——大部分的人被問到這個問題，都是支支吾吾回答不出來，只有對自己無所不知的人，才能馬上侃侃而談。

本書依照「商界需求」將天賦分成三個種類，分段講解各種天賦的活用方法。

「怎麼做才能分段提升天賦？」
「如何將天賦活用在工作上？」
「公司應如何結合各種天賦？」

本人在此向各位保證，讀完本書後，你一定能找出上述三個問題的答案。在接下來的故事中，將出現「天才」、「秀才」、「凡人」三個角色。這並非特定指誰，這三個角色就在你我之中，在職場上時而相殺，時而互助。

「為什麼凡人能殺死天才？」

先解開這個問題吧！只要找到答案，就能解開第一種天賦——「創造力」的謎團。讓我們一起認識才能，踏上這段愛的旅程。

前言 010

第1階段 何謂「天賦」？

安娜沒戲唱了？ 017
八公說話了 024
凡人憑什麼殺死天才？ 036
天才、秀才、凡人的關係 038
少數服從多數——殺死天才的利刃 041
大企業為何無法創新？ 044
唇槍舌劍的經營會議 052
當天才離開公司：安娜的決心 057
我與安娜的相遇 060
藝術與科學的「可解釋程度」 061

第2階段

相反的天賦

共鳴力：是力量也是危機 065
天才都有陰陽眼？ 069
廣而淺的反彈vs.窄而深的支持 073
愚民政治：以「共鳴」為軸心做決策的後果 077
科技藝術博物館 081
我的對手是宇宙 082
「厭倦」：人類最大的敵人 088
當天才厭倦時 092
拿好自己分到的牌卡 102
世界的守護者 109
如何讓「最強執行人」為你效勞 115

第3階段

選擇武器戰鬥吧！

你慣用的主詞是？ 117
天才倚物理而生，秀才仗法律而活 121
改變主語，讓「最強執行人」加入你的陣營！ 127
橫田，如果是你會怎麼做？ 129
秀才對天才抱持的雙面情感 139
科學是什麼？ 145
科學的好處在於可以失敗 147
揪出公司裡的「無聲殺手」 149
變更會計基準 151
我們已經不需要天才了 158
天才的黑暗面 161

共鳴之神＝中年喬王 165
「相信」的力量 166
自我話語＝最強武器 167
先排除他人，後坦誠自我 169
「我們」該做什麼？ 171
武器與阻礙 178
每個人的身體裡都有一個天才 181
與健狗道別 185
出售事業 189
「因為有你，才有現在的我」 193
春去秋來 196
解說 199
後記 213
部落格的網友留言 243
作者部落格 為什麼凡人能殺死天才？ 255

第1階段 何謂「天賦」？

安娜沒戲唱了？

「你看過這篇報導了嗎？青野。」

「看、看了……」

男人將週刊拿到我的面前，上面斗大的標題寫著：「女強人加速失控！剛愎自用將公司占為己有，爽領○○○○圓年收?!」

「不讓媒體出現這種報導，應該是你的工作吧？」

他對我投以鋒利的眼光。

呃……是啦。身為公司的公關，提升企業品牌形象確實是我的職責。

「真不愧是靠總經理吃飯的人。」

這個男人名叫上山，是公司的會計財務部長。

他瞪大眼睛看向我的員工證。上面寫著「青野徹，員工號碼０００３」。員工號碼是依進入公司的順序排列，也就是說，我是公司成立後的第三名員工。

「對、對不起。」

「總之，如果你這一季還是這種表現，我就會把你列入減薪名單。現在公司的業績很差，你的獎金也會被砍，請你務必改善ＫＰＩ（Key Performance Indicators，關鍵績效指標，以下簡稱ＫＰＩ）。」

「知、知道了。」

這兩年來，我的薪水是一年不如一年。

自從神笑秀一接任財務長（Chief Financial Officer，簡稱ＣＦＯ）後，公司改走實力主義路線。以前無論業績再差，老員工的薪水至少還過得去，現在則改以嚴格而周密的數字來進行考核。

我絕大部分的工作都被評為「無法定量」，已經連續兩年拿到最差的D級了，他們還幫我取了個綽號叫「總經理海葵」。

意思是我只會黏在總經理身邊。

每次遇到這種狀況，我總感到難以言喻的空虛。

然後沉浸在不切實際的幻想中——

「那時候真的好快樂喔……」

我說的是公司剛成立的時候。當時我二十五歲，總經理和其他同事都很靠得住。雖然每天都像在坐雲霄飛車，但我臉上總是掛著笑容，與大家朝著同一個方向前進。

但那已經是十年前的事了。

「看來我只能換工作了……」

這一年來，我已經動過四次轉職的念頭。

而且我還真投了幾家履歷，無奈每次面試時，我都被「一個問題」問到啞口無言。

「你進我們公司想做什麼呢？」

想做什麼？我想做什麼？

我思考了一陣，卻得不到答案。

當然，我也可以用場面話敷衍帶過，但如果要我說實話，我還真回答不出來。

我加入現在這間公司的原因只有一個。

那就是追隨上納安娜。

「她是天才！」

第一次見到她時，我彷彿全身被電流貫穿一般，無可自拔地愛上了她的天賦。現在的我完全無法想像在沒有她的公司工作。

我們公司賣的是科技，以影像辨識和聲音辨識這兩個技術核心，幫保全公司開發系統、接單製作搜索引擎，最近也開始提供智慧型手機影片製作服務。

簡單來說，就是一間「科技公司」。

我鬆開脖子上的領帶，這樣鬱悶的日子，我實在不想一個人度過。

✖

「我們公司玩完了啦！」

我與同梯橫田、一個學弟來到一家四處可見的連鎖居酒屋，默默聽他們聊天。

「上納安娜沒戲唱了啦，你看過那篇報導了嗎？」

「看過了，總經理眼裡只有她自己……真令人失望。我以前可是上納安娜派呢！」

「我也是啊！」

「不過她都快四十歲了，還是這麼正耶！」

哈哈哈哈哈——兩人同時大笑，居酒屋裡頓時充滿了沒品的笑聲，聽得我心煩氣躁。

這兩個人懂什麼啊？我忍不住反駁他們：

「才沒有，上納安娜還沒完呢！」
聽到我這麼說，他們露出「又來了」的表情。
「好啦好啦，你又開始了。」同梯橫田說。
我回道：「你們不要講總經理的壞話啦！感覺很沒品耶。」
「喔！我們的公關大人發表高見了！但我沒說錯啊，她的時代真的結束了。」
「才沒有結束，你以為是誰創辦這家公司的？少說那種不負責任的話！」
上納安娜是我們公司的創辦人兼總經理，公司的名字「CANNA」就是取自她的ANNA。
「哎呀，青野哥，別這麼激動嘛！」學弟開口緩頰。
橫田說：「不過啊，青野，退一百步來說，就算她的時代還沒結束好了，讓她看起來有戲唱應該是你的工作吧？」
「咦？什麼意思？」
「公關要負責『包裝』，那是你的工作不是嗎？」
「……是沒錯啦……」

「所以不負責任的是你，不是我。」

橫田說的沒錯。沒能讓公司內外看見上納安娜的魅力，確實是我的錯。他的這番話讓我無地自容。

我真心覺得安娜很好，卻因為能力不足，沒能讓其他人明白她的好。這種感覺該怎麼形容呢？

憤怒？難過？都不對。

上納安娜這個「天才」就要遭到扼殺了，對此，我難道什麼都做不了嗎？

大概是察覺到氣氛不對勁，學弟輕聲說：

「可是青野哥也很辛苦啊，橫田哥，你對他別這麼苛刻嘛！」

「啊哈哈哈！說的也是，抱歉啦！青野！」

橫田拍了拍我的肩膀。

不對。

我在乎的不是自己，而是眼睜睜看著這個世界上有個「天才」要被殺了，我卻無計可施。

這種無力的感覺，用言語表達就是「不甘心」。

八公說話了

我走在深夜的澀谷街頭。

「啊，下雨了。」一個路人輕聲說道。

像這樣的日子，通常沒有最倒楣，只有更倒楣。人群開始往車站跑，雨一下子大了起來，成了滂沱大雨後，我身邊的人都跑光了。

我站在平時總是「人滿為患」的八公像前，抬頭呆望著它。

總覺得八公似乎看得到這個世界。

「雨這麼大，真是辛苦你了……」

濕答答的西裝愈發冰冷。只見八公不畏風雨，一心看著前方。

「人人都愛狗……，你可以教我人見人愛的秘訣嗎？」

百般無奈的我，竟對著狗銅像說了這些蠢話。

……？剛剛八公的嘴角好像動了一下。

「怎麼可能！」我在心中喊道。澀谷街上空無一人，只有雨愈下愈大。

求求你給我力量，我想要拯救上納安娜，她是我這輩子第一次迷戀上的「天賦」！

就在這時，八公銅像突然閃閃發光。

「讓我實現你的願望吧！」

「咦……？？」

✖

隔天醒來，就看到一隻狗坐在我面前。

「喲！」

咦？咦？這隻狗狗在說話……牠是忠犬八公那種狗，很明顯是一隻秋田犬，但是會說話。

「喲！」

在回答牠之前，我懷疑了五次自己的眼睛和耳朵。

「你……你是誰？」

「我是狗。」

「我看得出來，但是你為什麼會說話？」

「因為我是一隻會說話的狗。」

「我不是在問這個……」

「那你在問什麼？」

「先生……你是何方神聖？」

我莫名其妙地尊稱牠為「先生」。

「我？」

「對。」

「我是ＣＷＯ。」

ＣＷＯ？聽起來很像執行長ＣＥＯ（Chief Executive Officer）。

我看著眼前這隻來路不明的生物。

「ＣＷＯ……是什麼？」

「Chief Wangwang Officer！」

「Wangwang 是狗叫聲的汪汪嗎？」

「是滴。」

「你怎麼把關西腔跟東北腔混著講啊？」

「因為我是在大阪土生土長的秋田犬！」

「……我、我要回家了。」

「回家？啊這不就你家？」

「那、那我去上班好了。」

「等一下！騙你的啦！開個玩笑而已啦！你很開不起玩笑耶，你不是關西人吼？

我是ＣＴＯ啦！ＣＴＯ。」

CTO？Chief Technology Officer？技術長？……狗也能當技術長？

我看向牠的狗腳，像這種圓滾滾的胖腳掌，怎麼可能施展什麼「技術」。

喔……原來狗也會被取笑啊。

牠似乎看穿了我的心思，露出一抹笑容。

「不是，我的T是Talent，也就是『天賦長』——Chief Talent Officer！我對天賦無所不知，是個傲視所有生物的高貴男子！」

CTO：Chief Talent Officer

「……你、你說什麼？」

「你昨天不是說了嗎？要狗教你人見人愛的秘訣。首先我要考考你！你覺得狗有什麼天賦？」

「狗有天賦？？」

「對啊！你不覺得很神奇嗎？狗在現代根本派不上用場，養狗不但要花錢買飼料，還要帶牠們去散步，幫牠們把屎把尿。可是人類還是很愛狗，心甘情願把時間跟金錢花在狗身上，狗不用做什麼就有飯吃。這難道不需要天賦嗎？」

狗有天賦……？我沒想過這件事。但仔細想想確實如此，世界上確實很少動物跟狗一樣，需要費心照顧又受人喜愛。

「是沒錯啦……」

「是滴！聽好了，狗受人喜愛的原因有三個要素。你知道是什麼嗎？這是你理解天賦的第一步。」

「狗受人喜愛的原因……？因為很可愛？」

「唉，笨笨笨笨笨，蠢蠢蠢蠢蠢！你的大腦長在膝蓋上嗎？這世界上可愛的動物多得是！為什麼偏偏是狗？」

「也、也是。」

「就結論而言，狗有三個要素特別吸引人類，那就是小小的、圓圓的、有點傻傻的！」

「小小的、圓圓的、有點傻傻的？」

「是滴！受人喜愛的角色全都具備這三個要素，不信你看嬰兒。」

「嬰兒確實是小小的……圓圓的，有點傻傻的。」

「是滴，還有熊本熊、凱蒂貓，全部都是小小的、圓圓的、有點傻傻的。」

「……真的吔。」

「比起完美無缺的人，人更喜歡暴露出弱點的人。我們狗狗就是最好的例子，狗一直都在給人類找麻煩，人類卻願意原諒狗。我們狗界有句格言是這麼說的：『不知如何是好時，就露出肚肚跟雞雞！』」

話音剛落，八公立刻仰躺在地，對我露出肚子跟屁股，然後揮動狗掌。

「不知如何是好時……就露出肚肚……跟ㄐ？ㄐ……ㄐ？」

「雞雞啦！」

「是、是！」

「你害羞個什麼勁啊！」

「對、對不起！！」

我下意識地道歉，這隻狗說話的氣勢還是驚人！

八公繼續說：「簡單來說就是露出弱點，懂了沒？」

「懂、懂了！」

「那就好。」八公將身體轉回正面，繼續說道：「聽好了，愈是學歷高、工作能力強的菁英分子，愈容易搞錯一件事。他們以為大家都喜歡強大的人，但事實上卻恰恰相反，有弱點才會受人喜愛。簡單來說，狗的天賦是『被愛的空白』。」

「被愛的空白……？」

這讓我想起了一個人，不是別人，正是上納安娜。安娜並不完美，她也有很多不會的事。但這正是安娜的魅力所在，讓人忍不住對她伸出援手。可是……這跟天賦有什麼關係？

「這、這一點我能理解，但你講了這麼久，我還是沒搞懂你要說什麼。」

「施主，這個問題，你要問自己的心。」

「自己的心？」

「你有煩惱吧？所以昨天才會來找我訴苦不是嗎？」

我回想起昨晚發生的事。當時我其實喝醉了，但我確實有煩惱。

「沒錯，公司的事情讓我覺得很『不甘心』……」

「人的煩惱其實都一樣，都是為了掌控自己無法控制的人事物，才衍生出這麼多煩惱。」

「掌控無法控制的人事物？」

「比方說，很多主管都煩惱下屬不聽話，但其實，我們本來就無法控制別人。有些人自顧自地說個不停，也不管別人想不想聽，把自己的外表跟家世當作失敗的藉口。事實上，所有煩惱的根源都是一樣的。」

一樣的？是嗎？

「所有煩惱的根源，都是『硬要掌控自己無法控制的人事物』。狗不飲水強按頭，你就算強行把狗帶到水池邊，牠也不會乖乖喝水。」

「明明就是牛不飲水強按頭……」

小聲吐槽完後，我試著回顧過去的自己。

「我本來可以做得更好的！」「為什麼會變成這樣？」——八公說得沒錯，我以前出現這些想法時，都是想要掌控無法控制的人事物的時候。

八公繼續說：「鏘鏘鏘鏘！考考你！人類最大的煩惱根源——最想要掌控卻掌控不了的是什麼？」

「嗯……別人……嗎？」

「『別人』是第二名。第一名是『自己的天賦』，要比喻的話，就像是『沒有糖卻吵著要糖吃』。人類最大的煩惱根源就是『想要掌控自己的天賦』，你應該也有過這種經驗吧？」

可多了。

我從小就有很多煩惱，覺得自己長得不夠帥、出身不夠好、能力不夠強、腦袋不夠聰明、身高不夠五公分……這些煩惱一直在我腦中揮之不去。

「其實你也不用太悲觀，因為你只是還沒發現自己的天賦罷了。」

「自己的天賦？」

「人的天賦可以分成三種（圖1），你覺得自己比較接近哪一種？」

一、擁有獨特的想法和眼光，做事步驟異於常人。

二、邏輯性地思考事物，注重系統、數字、秩序，做事態度腳踏實地。

三、總是敏感地察言觀色，做事前先預想對方的反應。

「這、這是什麼啊？」

「少囉唆，趕快選！」

「嗯……第三種吧，我很擅長察言觀色。」

「喔，那你屬於凡人類型。」

「凡、凡人？」

「這種類型以『共鳴』為軸心處世。上面三種天賦依序分別為創造力、重現力、共鳴力，各自代表天才、秀才和凡人。而你是凡人。」

一般人聽到這裡可能就翻桌了，但我卻心如止水。因為我比任何人都清楚，自己

圖1：天才、秀才、凡人

就是個凡人。

「我是……凡人。」

「是滴。」

「是沒錯……只看這三個的話，我應該是凡人。而且，我有一個凡人才有的煩惱。」我向八公坦承，「我的內心深處……很嚮往天才的世界。」

「我能了解你想成為天才的心情。但其實，天才並沒有想像中的那麼美好。因為在改革的過程中，天才可能會死在你們這些凡人的手裡。」

「凡人能殺死天才？」

「是滴。」

凡人憑什麼殺死天才？

「聽好了，這個世上確實有天才。先不論結果好壞，他們大多都能驅動世界前進。可是，很多天才都在改革的過程中被人殺死。這裡的『殺死』包含物理上的死亡，以及精神上的扼殺。」

「為、為什麼呢？」

「絕大部分是因為『溝通鴻溝』，這也是大企業無法創新的原因。」

我的頭上頓時充滿問號。

我為什麼會殺死天才？這跟企業無法創新又有什麼關係？

「我完全聽不懂。」

「聽好了，組織有段時期必須由天才率領，這段時期結束後，則改為秀才當家，進入凡人管理天才的時期。結構產生變化（圖2），在天才已死的情況下，組織自然

圖 2：從「天才時期」到「秀才時期」

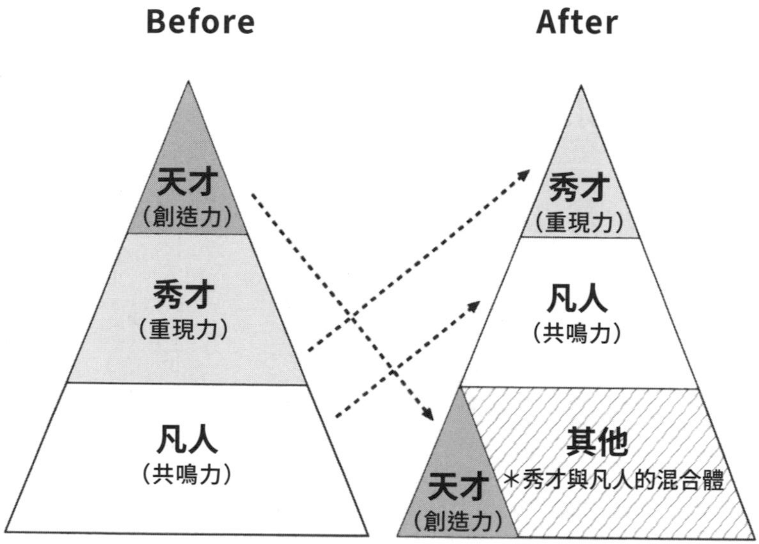

無法『創新』。而認識天賦的第一步，就是釐清結構出現變化的原因。」

天才、秀才、凡人的關係

說完，八公畫了三個四方形（圖3）。

「第一個重點在於這三種人的關係，你想先看哪個？」

「先看天才。」

「好。天才對秀才不感興趣，比較令人意外的是，天才很希望獲得凡人理解。」

「獲得凡人理解？」

上納安娜也是嗎？她也在尋求「凡人」的理解嗎？

八公繼續說：「天才的功能是驅動世界前進，然而，要做到這一點，一定要有『凡人』的協助。因為凡人占了人口的大多數，商場上的成功人士絕大多數都是凡人。再加上，很多天才從小就受到凡人的欺壓凌辱，所以很渴望凡人能夠理解他們。」

天才的童年總是孤獨的……

印象中，愛因斯坦、賈伯斯（Steve Jobs）……等天才，童年好像都被人視為異類。

「相反的，凡人對天才都很冷淡。在天才做出成果前，凡人無法發現他們是天

圖 3：天才、秀才、凡人的關係

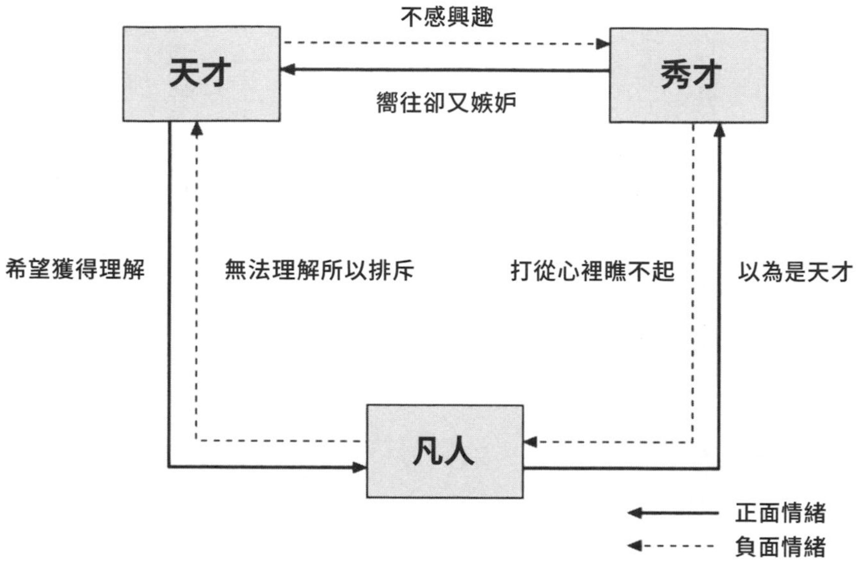

才，因而將天才視作團體中的搗亂分子，總是設法排擠他們。兩者之間的『溝通鴻溝』，正是凡人殺死天才的主要原因。」

「溝通鴻溝……意思是說了也聽不懂嗎？」

「差不多，溝通鴻溝是由『軸心』和『評價』兩個因素造成的。」

軸心……判斷價值的前提。絕對基準。

評價……基於「軸心」給出「好」或「壞」的評價。相對基準。

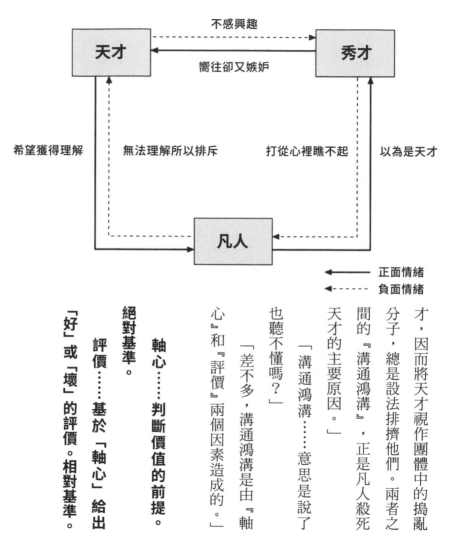

「假設你很喜歡足球，你的朋友卻討厭足球。」

「嗯、嗯。」

「你們兩人為此吵了起來，這就是『評價』所引發的溝通鴻溝，關鍵在於你們是否能對對方的想法產生『共鳴』。如果對『支持鹿島鹿角隊』（鹿島アントラーズ，日本茨城縣的職業足球隊）有所共鳴，那就是『好』；沒有共鳴，那就是『壞』。你懂我的意思嗎？」

「嗯……好像懂。」

「你這樣不行啦！說得簡單一點，就是對『喜不喜歡足球』有沒有一樣的想法啦！這樣你懂了沒？」

「喔，懂了。」

「可是，人的『評價』是會改變的。假設你花了一整個晚上，用簡報向朋友講述鹿島鹿角隊的魅力，他可能就會對你的想法產生共鳴。這時『好壞評價』就會出現改變。」

「我明白了，評價是會改變的。」

「是滴。所以『好壞評價』是相對基準，『以能否共鳴來決定』則是絕對基準。

『評價』會因對話而改變，『軸心』則不會。因此，因『軸心不同』而產生的溝通鴻溝，就有如『平行線』一般沒有交集。」

我完全沒想過這個問題。

八公又說：「天才、秀才、凡人在『軸心』上存有根本上的差異。」

少數服從多數——殺死天才的利刃

「天才、秀才、凡人的軸心不一樣嗎？」

「是的。天才以『創造』為軸心評價事物，秀才以『重現（＝邏輯）』為軸心，凡人則以『共鳴』為軸心（圖4）。」

「這……不就是你剛才列出的三種天賦嗎？」

「說得具體一點，天才的評價基準為『站在讓世界變好的角度而言，是否具有創造性』；凡人的評價基準則是『能否對該人物或想法感到共鳴』。也就是說，天才和凡人的『軸心』存有根本上的差異。」

「所以才永遠話不投機……」
「沒錯。」
「可是……這樣也太悲哀了吧？只要好好溝通，沒有解決不了的問題吧？」
「你太天真了。如果真是這樣，這個世界上就不會有戰爭了。只要好好溝通，沒有解決不了的問題——這是天大的謊言，否則學校的霸凌事件為什麼層出不窮？」
「唔……」
「照理來說，『軸心』是不分優劣的，但問題在於『人數差距』。凡人的數量遠遠大於天才，雙方人數差了幾百萬倍。也因為這個原因，只要凡人有心，要殺了天才是輕而易舉。歷史上的耶穌基督就是最典型的例子，這種例子商場上也比比皆是。」
「商場上？」
「你沒遇過嗎？因為天賦異稟而遭到毀滅的人。」
「有。」
「是滴。商場也是如此，像 Airbnb、Uber、iMac……這類創新科技服務剛問世時，絕大多數都差點遭到凡人扼殺。不過，這也是無可厚非，因為在天才拿出成果前，凡人

圖 4：天才、秀才、凡人的「軸心」差異

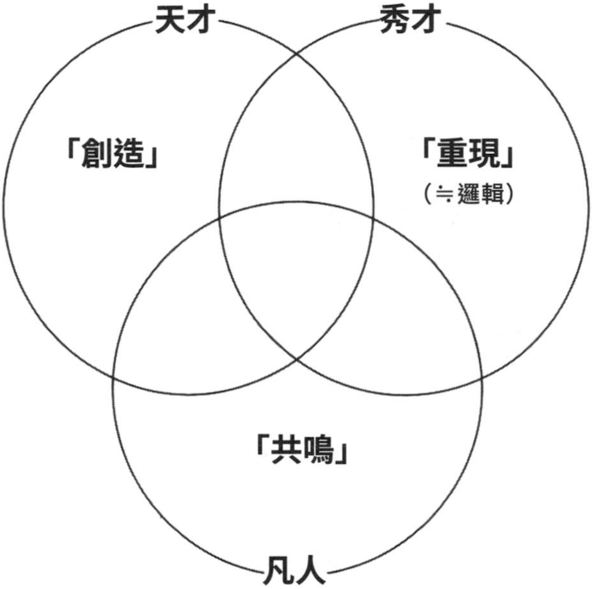

根本就搞不懂他們在做什麼。」

「可是，天才應該沒這麼容易死吧……？」

「你錯了，凡人擁有足以屠殺天才的武器——『多數決』。」

「多數決？」

「對，多數決就是殺死天才的利刃。」

我所認識的天才只有上納安娜。

她現在就處於多數決的刀口下。

「這也是大企業無法創新的原因。」

大企業為何無法創新？

「怎麼說？」

「大企業之所以無法創新，是因為他們用同一個KPI來衡量三個『軸心』。」

？？？？？我的腦中再度充滿了問號。

「以前有個大企業的經營企劃局員，他在公司裡策劃了一場『創新大賽』，但過程中他總覺得哪裡怪怪的說不上來。直到他自己創業後，才知道當時是哪裡不對勁——創新事業『絕對無法用既有的KPI來衡量』（圖5）。」

「無法用既有的KPI來衡量？」

「是滴。這就跟藝術一樣，所有偉大的生意都要經過『創作→擴大→變現』這三個階段，每個階段適用的KPI都不一樣。其中『擴大』和『變現』這兩個階段的KPI比較具體好懂。」

八公又說：「隨著經濟學的發展，這些程序已十分科學。擴大可用『事業KPI』，變現則可用『財務KPI』衡量。問題在於『創造』，我們沒有衡量一

圖5：「天才」和「創造力」無法用既存KPI衡量

項目	創造力	重現力	共鳴力
商業價值鏈	創造	擴大	變現
角色	天才	秀才	凡人
測量價值的指標	？？？（沒有適用的KPI）	事業KPI（CVR、LTV、生產力等程序KPI）	財務／會計KPI（損益表、資產負債表上的KPI）

（註）CVR：轉換率／LTV：客戶生命週期價值

個人『是否為天才』的指標。」

「沒有衡量一個人是不是天才的指標嗎？」

「是滴。創造是做出別人沒看過的東西。說白一點，就是『無法定義』，噢不對，正確來說，應該是無法『直接』定義的東西。」

我絞盡腦汁思考他說的話。

什麼意思啊？

「雖說創造力無法直接觀測，但可以用社會的『反彈量』來間接衡量（圖6）。」

「反彈量？」

「是滴。說得具體一點，這些反彈來自『活在共鳴世界裡的人』，也就是你這種人。你們愈想扼殺的東西，就代表創造力愈高。」

「創造力可以間接觀測……」

圖 6：創造力可透過「反彈量」間接觀測

我們可透過觀察社會的「反彈量」，
來預測某種程度的「創造力」

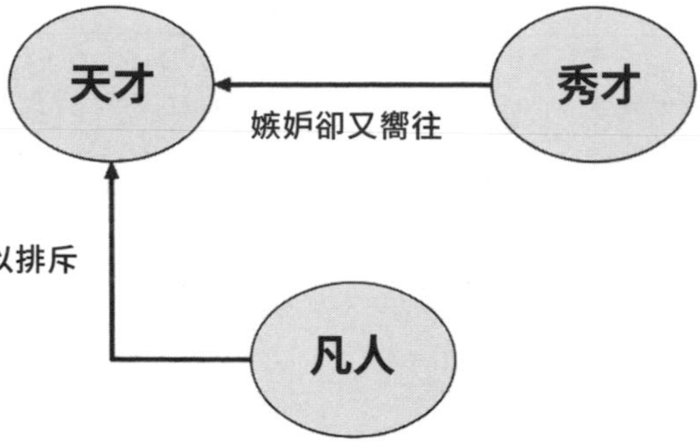

「是滴。Airbnb 跟 Uber 剛問世時，在社會上引發了強烈的反彈。有人說，優秀的藝術必須令人心生『恐懼』，也是這個道理。」

「必須令人心生恐懼？」

「是滴。照理來說，企業要從事破壞式創新，必須將ＫＰＩ放在『反彈的量與強度』上。然而一般企業都做不到，為什麼呢？因為大企業是在大量凡人（普通人）的支撐下運作，若將ＫＰＩ放在反彈量來加快創新速度，很有可能自毀公司。這是克雷頓（Clayton M. Christensen）所提出的『破壞式創新理論』，從人類的力量解釋結構。」
「因為我們反彈，所以無法創新？」
「很諷刺吧，像你這種凡人竟然能殺死天才經營者。」
「才、才不會……至少我不會那樣。」
「不，你會。」
「你、你很沒禮貌耶，我才不會，絕對不會！！」
「哇哈哈哈！」
「笑什麼！！正經一點好嗎？」
「你的反應就是這個理論具有『創造性』的最佳證明啊！」
「別捉弄我，我是認真的！」
「說老實話，我第一次聽到這個說法時也覺得莫名其妙。會有這樣的反應很正常，畢竟沒聽過嘛！而且你知道嗎？凡人其實很喜歡天才。」
「凡、凡人很喜歡天才？」
「是滴。」

「你剛剛不是說凡人會殺死天才嗎？怎麼前後說的不一樣？你到底在說什麼啊？」

我愈說愈氣。

「聽好了，凡人就像黑白棋。在天才做出成果前，凡人對他們的態度非常惡劣。做出成果後，凡人就會立刻由黑轉白，說他們『好棒棒！』、『是天才！』。然而，這種反應對天才而言無疑是二次殺害。」

「二次殺害……？」

「聽好了，時代是會改變的。時代改變，規則也會改變。遊戲規則一旦不同，天才就會跌跤失敗、出錯誤判。這時凡人又會立刻改變想法，說那個人玩完了、沒戲唱了。這種翻臉比翻書還快的態度，只會讓天才陷入孤獨的深淵。」

「孤獨的深淵……」

「這種態度，會讓天才覺得這個世界無法理解自己，進而出現『自殺』的念頭。文學天才、藝術天才、商業天才……很多天才都在成功之後走上絕路。」

「自、自殺……？」

「天才會被殺害兩次，一次是做出成果前，一次是做出成果後。」

我不願相信。

但好像能夠明白。

我在上納安娜沒沒無聞時就認識她了。她成功時，大家都稱讚她是「天才」。然而時代改變後，她就拿不出成果了。

然後呢？

以前那些跟在她身邊的員工紛紛翻臉不認人，這讓我感到很憤怒。

「天才自殺……光用想的就心好痛。」

我心中的怒氣驟然平息。

「喂，你剛才的氣勢去哪了？」

「……聽到你說，像我這樣的凡人就是殺死天才的劊子手，我一時無法接受，壓抑不住心中的怒火。但你說的沒錯，那些說變就變、將天才逼入絕境的，確實就是我們這些人。」

「哇哈哈，沒錯。這就是以『共鳴』為軸心的弱點，也是你們的魅力所在。你們很容易改變好壞評價，剛才你就為我們演示了黑白棋『由黑轉白』的一瞬間。」

「……我懂了……」

「回歸正題。總之呢，我們無法直接觀測『創造力』，因為『創造』沒有輪廓，無法套用既有的框架。」

聽到這裡，我不禁吞了一口口水。

「可、可是……這樣不就救不了天才了嗎？真的沒有其他方法了嗎？未免太令人難過了……我們只能無計可施，眼睜睜看著天才被殺嗎？」

「是有方法的。」

「快告訴我！！」

「這就是『天才、秀才、凡人的天賦論』。」

✖

這隻狗似乎不是泛泛之輩。

我的心中湧現一股不可思議的情緒。

雖然牠說話很機車，觀察力卻很敏銳，講的也不是陳腔濫調。

八公繼續說：「聽好了，要學會『天才、秀才、凡人的天賦論』很不容易，總共分為三個階段。今天我就教你第一階段的初步內容，給我好好記起來。」

我們可透過凡人的「反彈量」來「間接」觀測「創造性」。

「也就是說，那些令你第一眼就感到反彈的事物，愈有創新的潛力。」

「那……我們該如何是好？要怎麼保護天才？」

我迫不及待想知道答案。

「你不要急嘛！總有一天會知道答案的。先別說這個了，你有東西吃嗎？我肚子餓了！」

八公吵著要吃狗飼料，我雖然不情願，但還是決定去幫牠買回來。

「對了，你叫什麼名字啊？」

「我？我叫健狗。」

健狗……當時我並不知道，這隻會說話的謎樣小狗將為我帶來什麼樣的改變。
我只知道，如果牠說的都是真的，這次的企劃一旦失敗，上納安娜可就萬劫不復了。
我一定、絕對要阻止這種事發生！

唇槍舌劍的經營會議

這天高層在經營會議上吵了起來。
「我不想放棄這個事業。」總經理上納安娜說。
她穿著黑色高領毛衣，呈現出身體的美麗曲線。
財務長神笑秀一立刻開口反駁安娜：
「可是總經理，這個事業每年都虧損三億日圓，這一季的主要ＫＰＩ也都沒有達標，這樣我們沒有辦法跟投資人交代。」
神笑畢業於國內最難考的大學，擁有哈佛大學碩士學位，是美系投資銀行出身的菁英分子。他五官深邃，頂著一頭標誌性的短髮，全身散發出洋墨水的香氣。

安娜並未退縮，她回道：「我不在乎投資人，顧客的熱中度才是最重要的。就長遠的眼光來看，投資人應該不會反對才是。」

執行長上納安娜，財務長神笑秀一。

前者是直覺派，後者是理論派。在經營會議上討論議題時，兩人總是持相反意見。見安娜堅持己見，神笑也不願退讓。

「公司這一季的盈利已經下修了，再加上總經理妳之前在週刊上的不當發言，股價自年初至今已下跌百分之十。就經營理論而言，連舊有事業都是泥菩薩過江了，怎麼可以貿然進行新投資。」

「你錯了。」

「我錯了？哪裡錯了？」

「你錯了，神笑。這種艱難時刻更應該繼續投資，經營公司本來就有高低波動，如果因為股價下跌而停下腳步，公司才真的會完蛋。」

像CANNA這種科技公司，股價會隨著「未來期待值」大幅變動。

CANNA的股票於五年前上市，起初兩年大家對我們的未來抱有高度期待，股價也跟著水漲船高。然而，這幾年卻是不復從前。

神笑秀一回道：「安娜小姐，我們不能捨大取小。再這樣下去，不出三年公司現金就會見底。以前我們靠著上納安娜這張護身符在市場上通行無阻，但現在妳已跌落神壇。在主要銀行難以提供追加貸款的情況下，若我們再不改變，就等著關門大吉吧！」

「唉……」不知道誰嘆了一口氣，似乎在抱怨「安娜又來了」，抑或是在控訴「拜託妳面對現實吧」。

這也怪不了他們。

上納安娜曾被譽為天才創業家，然而這三年來，她推出的事業卻是屢戰屢敗。三年前創立的新事業，短短一年就造成幾億日圓的虧損，最後只好退出市場。之後的新事業也不見起色，一直處於虧損狀態。

每次安娜都說：「我會想辦法。」最後卻總是沒有辦法。

於是，大家對於她的承諾愈發不信任。有這種反應的，不僅僅是神笑秀一。

以前很多高層人員都很崇拜安娜，如今卻對她的才能心存懷疑。

他們兩人的意見都沒有錯。神笑說的是事實，至今為止，新事業都是採用上納安娜的經營方式。而現在公司確實不好過，應優先保住現有事業。

但是，如果沒有安娜的堅持，新事業將全面停擺，這間公司的引擎也會因此而熄火。

「雙方各有各的道理。」

——至少經營會議上的成員是這樣想的。

但是，如果上納安娜垮臺，神笑就會接任總經理一職。

所以沒人敢挺身說話，大家都想明哲保身。當企業開始停滯不前，人們通常只會看到組織裡的權位政治，而非事業路線。

「那就訂出明確期限吧。」

「明確期限？」

「對。如果兩年內不能轉虧為盈，就完全退出市場，如何？」神笑才說完，又立刻改口：「不，兩年太長了，一年已是極限。」

一年內轉虧為盈？安娜做得到嗎？

大家紛紛看向安娜，只見她深呼吸一口氣，簡短地說：「好，就這麼辦吧。」

一位幹部接著發言：「那如果沒做到呢？經營會議上都反對成這樣了，為什麼還要冒著風險硬幹？這樣要怎麼跟投資人交代……？」

他看向神笑秀一，似乎在揣測他的心意。

但神笑沒有任何反應，只是雙手抱胸，一言不發地看著前方。

上納安娜閉起雙眼，緩緩吐出以下幾個字：「到時我會離開公司。」

這句話引起了一陣騷動。

「您、您是認真的嗎？」岩崎董事問。

「是的，我已做好覺悟，一定要讓這個事業起死回生。」

也就是說，這是她最後一次機會。

當天才離開公司：安娜的決心

經營會議期間，我一直待在會議室的後方旁聽。

「做好覺悟」——一想到這四個字代表的意義，我就忍不住追了出去。

「安娜姐！」

會議結束後，我叫住上納安娜。

因為我是公司的老班底，跟總經理講話比較沒有那麼拘束。

「什麼事？」

「這次如果失敗，妳就得離開總經理的位子……妳是真的這麼打算嗎？」

「當然是真的。」

「這樣好嗎？」我追問，「這間公司是安娜姐創立的……這樣真的好嗎？」

她沉默了六秒。

「當然不好……」

咦？我不禁懷疑自己的耳朵。跟安娜認識了十年，這是我第一次見她示弱。

「這十五年來，我為這間公司賭上了一切，又怎麼能甘心放手呢？」

要人放棄這輩子的心血，是一件多麼痛苦的事。這種感覺，任何一個商務人士都懂。

「這兩年我一直在思考一件事，如今終於願意面對了。我想，這間公司是時候進入下一個階段了。」

「『下一個階段』……？」

「現在公司需要的已經不是我這種經營者，而是神笑那種腳踏實地的領頭人。我想，這是因為公司就要進入下一個階段。」

有那麼一瞬間，她的眼眸似乎閃爍著淚光。安娜擁有異稟天賦，然而此時此刻，她對自己的信心卻動搖了，這是她第一次懷疑自己的能力。

我有好多話想說，卻一句也說不出來。

「可是啊，青野，你要留下來。」

「咦？」

「如果那一天真的來臨，我希望你能留在這間公司。唯有這件事情，我會要求高層給我保證。」

「……咦？」

「青野，你是唯一一個從頭到尾相信我的人。所以無論發生什麼事，我都不會讓你失去這份工作的。絕對不會！」

「可是……」

「沒有可是，我要你答應我。」

「……」

「知道嗎？」

不要，我不答應。

我之所以待在這間公司，都是因為有安娜姐在。如果妳離開公司，我就沒有必要留在這裡了——我很想對她這麼說，卻沒有勇氣說出口。

我低下頭。

「喂，回答呢？知道了嗎？」

「……知道了。」

我看向安娜，努力露出平時的表情。

「謝謝安娜姐。」

安娜露出笑容，說了一句「好」後，便離開了。

我無法想像沒有安娜在的公司……沒錯，我就是如此深愛著她的才能。

我與安娜的相遇

十年前，那是個櫻花滿開的日子，我決定離開讀了七年還讀不完的大學，進入CANNA服務。

當時的她還沒沒無聞。一個一起演話劇的怪咖才子跟我說：「我在網路上看到一個奇怪的影片，是一個從英國回國的美女創作者製作的喔！」我上網查了一下，簡直是驚為天人。

那才不僅僅是「奇怪的影片」，而是前所未見、超越人類身體能力的藝術。當時正在找工作卻對就業興趣缺缺的我，立刻拜訪了她的公司。

一開始我們是沒有「薪資」的，但工作的過程很快樂，我從未後悔做出這個決定。只要能讓她閃閃發光，我什麼都願意做。

因此，我完全無法想像「沒有安娜的公司」會是什麼樣子。

藝術與科學的「可解釋程度」

「喔，這差在問責能力的優劣啦。」

回到家後，健狗一邊抓肚子一邊回答我。房間被牠弄得亂糟糟的，我家是五坪大的套房，說老實話，根本就沒有空間養狗。

電視上正播放澀谷八公銅像突然消失的新聞，大家都覺得莫名其妙，推測應該是被人偷走了。而他們在討論的主角，此時此刻就在我的面前。

我把今天公司發生的事情告訴了健狗，然而牠的回答卻令我一頭霧水。

「問、問責能力？」

「是滴，簡單來說，就是解釋能力。不是都說經營是藝術、科學、製造的結合嗎？」

「什麼結合?」

「欸,你怎麼什麼都不知道啊?這句話很有名耶!快筆記下來!藝術、科學、製造結合後,才能形成『堅強的經營』。」

我趕緊拿起一旁的紙筆,寫下:

經營是藝術和科學、製造的結合。

健狗又說:「這句話很有道理。但最大的問題在於,科學和藝術在『可解釋程度』上的差異。」

「可解釋程度的差異……?」

「是滴。也就是『可向他人解釋價值的程度』。比方說,你要做一個新的東西,要表達新事物,有時候是無法解釋的。」

「對……之前你有教我,創造力是無法直接衡量的。」

「可是呢,盈利和營業額是可以說明的,要說明賺了多少錢,只要亮出數字即

圖 7：可解釋程度的差異

	可解釋程度
藝術	低
科學	高

可。首先你要知道，天賦不同，『可解釋程度』也會不同，這也是理解天賦的關鍵。」

「天賦不同，可解釋程度也會不同……」

「是滴。藝術和科學並不難懂，對經營而言，兩者都很重要。但要注意的是，不可以拿藝術和科學互槓。為什麼？因為藝術必輸無疑。科學是可以證明的，可解釋程度很高。相對的，藝術有很多無法證明的地方，可解釋程度較低（圖 7）。」

「我、我大致上明白。」

「這跟天才與秀才的關係是一樣的。雙方若辯論起來，絕對是秀才獲勝。因為在這三種天賦中，重現力的可解釋程度是最高的。」

上納安娜與神笑秀一的關係應該就是這樣吧。

「確實如此……」

「所以啊，不能讓藝術跟科學對決，不能讓雙方用軸心對抗，又或是比較哪一邊比較好。因為科學百分之百會贏。」

「那該怎麼做呢？」

「這種時候，應該要思考更重要的問題：『為達成目的，藝術該負責哪個領域，科學又該負責哪個領域。』說得具體一些，藝術應成為指路明燈，科學應成為緊盯狀況的燒瓶，製造應成為填補雙方鴻溝的鑵子。就經營的理論而言，應在充分了解三方功能的情況下做出決策。」

藝術跟科學的可解釋程度不同，不可讓雙方直接辯論。

我從未思考過這個問題。

共鳴力：是力量也是危機

「事實上，『共鳴力』才是最麻煩的天賦。你有聽過『共鳴就是力量』這個說法嗎？」

「確實，大家都說玩社群網站最重要的就是共鳴，所以特別喜歡能夠引發共鳴的內容。」

「是滴。舉例來說，比起超模，大家更喜歡鄰家女孩型的偶像。所以才會有『共鳴就是力量』這種說法。但大家不知道的是，這其實是天大的謊言。」

「天大的謊言？」

「是滴。共鳴確實是一種力量，但是是危險的力量，用共鳴決定事情非常危險。因此，組織若要在決策時納入『共鳴』，應採取慎重的態度。」

「不可以用共鳴做決策嗎……？」

「你聽好了，共鳴屬於多數決的領域。大家說好的就是好，大家說不好的就是不好。這種情況你應該不陌生吧？」

牠說的沒錯，學校、公司那種人云亦云的氣氛，從小到大我實在看太多了。

「對……」

「所謂的可解釋程度，說到底，也就是建立在目的上的邏輯和多數決罷了。當有人決定要嘗試新事物，又或是組織推出新企劃，總會有人質疑『為什麼要這麼做』。要回答這個問題，本質上只有兩種方法。」

「哪兩種？」

「第一種是『訴諸道理』，告訴對方哪裡好，這屬於重現的領域，秀才學業表現優異，特別擅長講道理。第二種是『訴諸共鳴』，也就是跟流行結合，這是擅長體察人心的凡人的強項。而且，流行事物基本上可解釋程度都很高。」

……什麼意思？

「簡單來說，『大多數人的信念』具有破壞性的力量，而且半數都是沒有道理的。仔細思考你會發現，大家的信念有一半都是說不通的，卻能夠發揮極大的力量。」

「沒有道理的事物會造成流行嗎？可是……我覺得暢銷的作品好像都有它的道理在……」

「並沒有，猜拳就是個簡單易懂的例子。」

「猜拳⁇你是說剪刀石頭布？」

「是滴，你不覺得猜拳很神奇嗎？」

「哪裡神奇？」

「從幼稚園小朋友到老爺爺老奶奶都知道怎麼猜拳，所有人都可以參加。但我問你，為什麼布能贏石頭？剪刀能贏布？其中很大的原因是，因為這是眾所皆知的規則，不需要說明。」

「確實如此，所以猜拳非常『輕鬆』。」

「是滴，這就是共鳴的厲害之處。一旦傳開成為『理所當然』，就會破壞性地繼續廣傳。商界也是如此，假設有一千萬人都認識、都在使用某個產品，就代表這個產品具有高度價值。但是，天才和秀才對此都不以為然，特別是秀才，因為看起來很不符邏輯。」

「……用共鳴做出的決定不符邏輯嗎？」

「這就是所謂的『社會氛圍』。社會氛圍是一種來自『共同認知』的影響力，也是毀滅組織和國家的劊子手。」

「社會氛圍能毀滅組織？」

「用形象來說，就是『官員vs.國民』、『菁英分子vs.一般公民』的戰爭。菁英分子眼中的『正確政策』一旦忤逆一般公民的心意，就會在人數上敗下陣來。『大多數人的信念』的力量就是如此強大。」

健狗說的很有道理，無論再怎麼站得住腳的言論，只要輿論不支持，反對聲浪就會一發不可收拾。

「這也是秀才跟凡人起衝突的原因。那些自以為聰明的人，通常都對『大家都說好的事物』抱持巧言令色的態度。」

「什麼意思？」

「這個世界上有很多熱銷的廢物。秀才對於這樣的事實非常不能接受，因為他們無法理解為什麼。說的直白一點，他們覺得買的人都是白痴，大家都被騙了，這是秀才最厭惡的事。但容我再強調一次，這樣的想法是錯的。東西只要能熱銷，就代表它有價值。」

只要是「大家相信的事物」就有價值，貨幣也是如此。

天才都有陰陽眼？

健狗繼續說：「對了，你見過鬼嗎？」

「什麼……鬼？」

「對，鬼。」

「沒見過，但我見過會說話的狗……」

「那不就是我嗎？你之前不是告訴我，你很嚮往天才的世界嗎？」

「是、是沒錯。」

「那你曾想過要變成天才嗎？」

「有……」

「你應該很想看看天才眼中的世界、了解他們在想什麼吧？這就是『幽靈的類比』。每次有人說他想了解天才的世界，我就會這樣跟對方解釋天才的處境。」

圖 8：天才、秀才、凡人的分水嶺

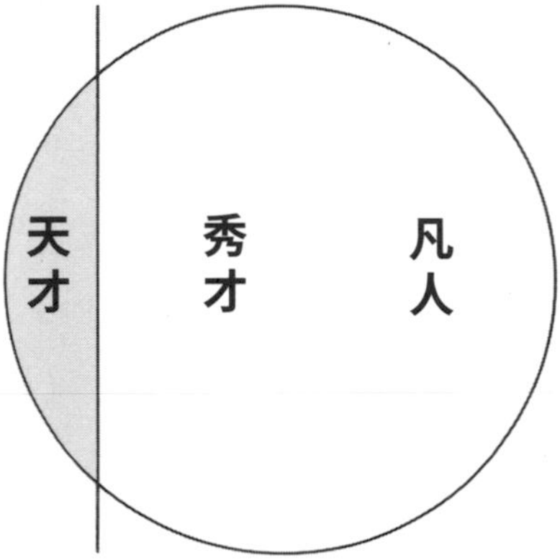

「什、什麼東西啊……？」

「請你想像一個大大的圓，圓上有一條分線（圖8），線的左邊是天才的世界，右邊是秀才和凡人的世界。兩個世界是完全分開的，沒有任何交集。某些東西一般人看不到，只有某些人才看得到，要比喻的話，就像見鬼。」

「見鬼……？我還是不懂。」

「假設你是看得到鬼的人，只有你看得到，其他人看不到。這時如果你突然大叫：『那邊有鬼！』其他人會怎麼反應？」

「嗯……應該會問在哪裡，然後叫我不要亂說話。」

「是滴。問題是你真的看得見，你真的

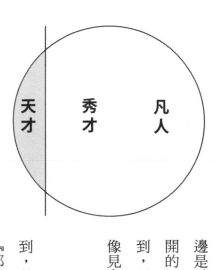

看到有鬼。可是他們都認為你在說謊，很不甘心吧？在這樣的情況下，你會怎麼做？」

「我會一直跟他們解釋，用各種方法。」

「是滴，你應該會拚命解釋，說鬼就在那棟大樓的前面！白白的！沒有腳！浮在空中！那裡真的有鬼！」

「應該會。」

「這就是『天才的處境』，天才看到的世界可以描繪，卻無法給對方看實體。」

可以描繪，卻無法給對方看實體……

「那些偉大的創業家，一開始都被大家當成白痴，被人瞧不起。但是，他們絕對不會因此放棄，你知道為什麼嗎？」

「不知道……」

健狗繼續說：「因為他們看得見『別人看不見的真相』。要比喻的話，天才就像看得到鬼的陰陽眼。」

「別人看不見的真相……」

「是滴，你有聯想到什麼嗎？」

此時浮現在我腦海裡的，是上納安娜。我之所以愛上她的才能，就是因為我發現她看得見「我看不到的世界」。

「所以你才會用『見鬼』來比喻啊，我有點聽懂了。」

「糟糕的是，創造的可解釋程度很低。重現屬於科學領域，可用『邏輯』說明；共鳴則屬於多數決的領域，可用『數字』來說明。只有創造無依據可循。」

「原來如此，所以才要用反彈量做為ＫＰＩ。」

「是滴。」

思考一陣後，我的心中突然冒出一個疑問。

「那我們要怎麼區分『天才』跟『正牌蠢蛋』呢？」

「喔喔！」

「公司裡有一些『正牌蠢蛋』，他們也會反對彼此的意見。如果用反彈量做為整體公司的ＫＰＩ，不就分不出來誰是天才、誰是蠢蛋了嗎？」

「是滴，你說的沒錯！問得好！有一個方法可以確實區分這兩種人，那就是『廣而淺的反彈』和『窄而深的支持』的比例。」

廣而淺的反彈跟窄而深的支持??什麼鬼東西啊……?

廣而淺的反彈 VS. 窄而深的支持

「是滴。大眾有所謂的『淺薄的反彈』，比方說，『就是不喜歡』這類意見就屬於這個範疇。相對的，也有『深切的支持』。我們可從雙方的比例來判斷是否為真正的創新，像是8:2、9:1之類的。這樣的比例可判斷事物『創新的程度』（圖9）。」

健狗做了以下說明——

廣而淺的反彈 vs.窄而深的支持

9:1～8:2 顛覆業界的破壞式創新

7:3～5:5 多數人使用的功能服務

4:6～2:8 可改善舊有產品

圖9：廣而淺的反彈Ⓐ vs. 窄而深的支持Ⓑ

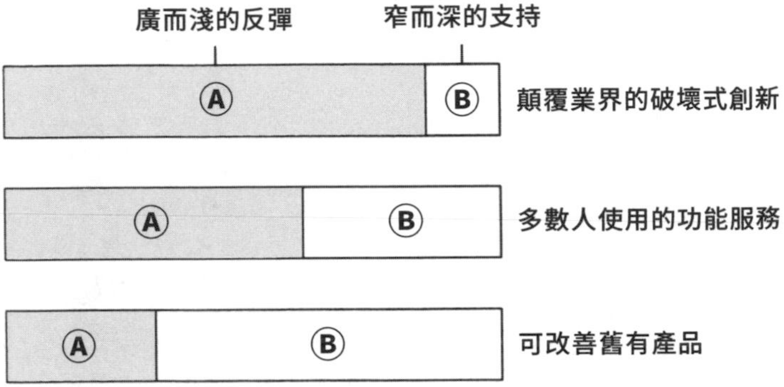

「為什麼會是這樣的比例呢？理由很簡單。第一，世界上所有被稱為創新者的人物，都看得見『別人看不見的事物』。除了創業家，有才華的人也一樣，他們都為『一般人看不見的事物』而瘋狂。」

「這就是『窄而深的支持』嗎？」

「是滴。可是呢，在『普羅大眾』的眼裡，這些人就只是『阿宅』罷了。一般人剛開始都不知道他們在想什麼，甚至覺得他們很噁心。但是，如果你問為什麼討厭他們，一般人也說不出個所以然來，但就是不喜歡。」

「這就是『廣而淺的反彈』，對吧？」

「就破壞式創新來看，計算結果多介

圖 10：跨越鴻溝理論

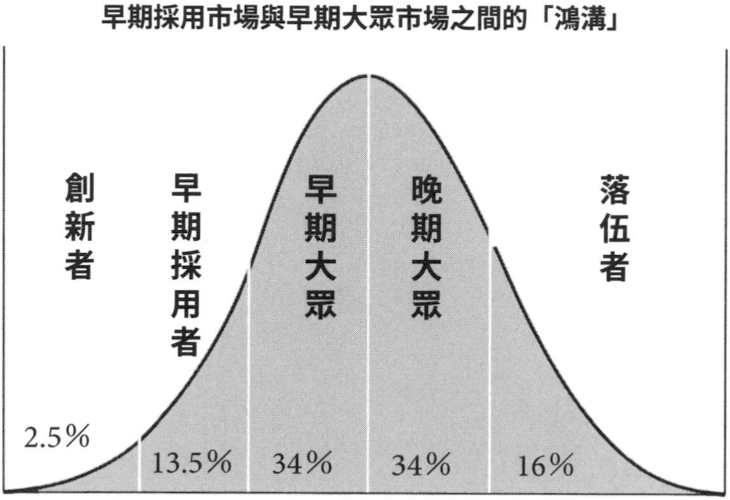

出處：Crossing the Chasm 之日文譯本
（日本由翔泳社出版，臺灣譯為《跨越鴻溝》）

於8:2到9:1之間。也就是所謂的跨越鴻溝理論（圖10）。」

「原來是這樣……這個理論真的適用於商界嗎？」

「適用。我跟一個江湖上的創業投資家很熟，他曾跟我說：『大家覺得好的東西大致都很好，大家覺得不好的東西大致都不好，想要大獲成功，就必須在意見分歧處尋找破口。』」

「在意見分歧處尋找大獲成功的破口……」

「是滴。說得深入一點，反彈和贊成一定都有『量與質』，凡人的反彈都很明顯易懂。共鳴的麻煩之處，在於其反彈乍看之下很強大。為什麼呢？因為他們習慣用『數字』去證明，實際上的『反彈量』並沒有看起來這麼大。有別於秀才，凡人的反彈多缺乏『根據』。」

「共鳴就像黑白棋，動不動就翻面……」

「是滴，對政治人物的反彈就是個簡單易懂的例子。假設有一個大家都很討厭的政治人物，我們去逐個採訪民眾，問大家為什麼討厭他、知道關於他的哪些事，相信我，得到的大部分都會是『我就是不喜歡他』、『他感覺很虛偽』、『大家都這麼說』、『媒體都這麼說』……這種答案。」

「好像是呢。」

「相反的，如果問題改成『喜歡的政治家』也是一樣，大概都是『因為我見過他一面』、『我對他的說話方式印象很好』……這種回答。也就是說，共鳴的反彈很淺薄，凡人就像黑白棋，翻面比翻書還快，所以才會說是『廣而淺的反彈』。」

窄而深的支持，廣而淺的反彈。

——我將這兩個名詞筆記下來。

「懂了嗎？這就是『經營決策不可以共鳴為軸心』的原因。要了解這個概念，看電影《阿拉丁》（Aladdin）是最快的。」

「阿、阿拉丁……？」

愚民政治：以「共鳴」為軸心做決策的後果

健狗繼續剛才的話題。

「你知道《阿拉丁》嗎？」

「阿拉丁……你是說迪士尼的阿拉丁嗎？」

「是滴。那個故事的原作者是我，要改編成電影時，我還幫劇本提供了不少意見呢！」

「喔……」

也不知道他說的是真的還假的。

「阿拉丁的故事說的就是『共鳴的陷阱』。」

「陷阱？意思是共鳴有風險？」

「是滴。以共鳴為軸心的溝通方式近乎無敵，但也是有風險的。簡單來說，就是容易招致『愚民政治』。」

「愚民政治，你是指……走錯方向還繼續前行？」

「是滴。人是否認同對方的想法，關鍵在於『截取哪段故事』。無論是多麼狗屁不通的事，只要有心，都可以將其合理化。這叫做『阿拉丁問題』。」

「……阿拉丁問題？」

「是滴，電影《阿拉丁》一開始是這麼演的——沒錢吃飯的阿拉丁偷了店家的麵包，這讓老闆非常生氣，也驚動了官兵。他三兩下就逃過了官兵的追擊，好不容易歇口氣，正準備大啖麵包時，幾個飢腸轆轆的孩子來到他的面前。於是，他便把麵包給了這些孩子。」

「我覺得阿拉丁的心腸挺好的啊……」

「不可以這樣想！這是大忌！凡人就是這樣！這種想法很危險！」

「怎、怎麼了嗎？」

「編劇界有句話是這麼說的：『如果主角是壞蛋，就要讓更壞的惡徒成為他的敵人。』讓可恨之人必有可憐之處。」

「讓更壞的惡徒成為壞蛋的敵人……？」

「是滴。你想像一下，假設你常去家附近的一間麵包店，跟老闆很熟，然後有陌生人到這家店偷麵包，你會怎麼想？」

「嗯……我會很生氣。」

「對吧？阿拉丁的行為就跟這個陌生人沒兩樣，他們都是小偷。」

「是沒錯啦，但總覺得你在硬扯……」

「唉，我跟你們這種凡人真的是話不投機半句多。」

「對不起……」

「聽好了，人只會用『自己看得到的範圍』來評價別人。這件事有多可怕？看阿拉丁就知道了。」

「是嗎……？」

「偷麵包很明顯是錯誤的行為，但因為阿拉丁最後將麵包分給小朋友，所以讓觀眾對他產生了共鳴。這是個巧妙編排的陷阱，你想想，如果今天只讓阿拉丁偷麵包，去掉分麵包的情節，觀眾會怎麼想？」

我想像了一下──阿拉丁偷麵包，逃避官兵追擊，結束。

「感覺阿拉丁就只是個壞蛋……」

「是滴。阿拉丁是為了活下去才偷麵包，但換個角度想想，麵包店老闆可能也有妻小要養。阿拉丁的行為明顯是在踐踏老闆的努力。」

我試著將該理論套在自己的工作上，公關的工作其實也是「截取故事」。

「是沒錯……現在很多電視節目、電影都有『不當剪輯』的問題，只呈現好的地方，又或是只呈現壞的地方。」

「是滴。如果換個剪輯方式，大家就會對『麵包店老闆』產生移情作用。比方說，加入老闆為了體弱多病的孩子早起工作、努力揉麵團……等畫面。這麼一來，大部分觀眾就會將感情投在『老闆』身上。」

「確實如此，我有同感。」

「這正是『共鳴』的危險之處。共鳴很『淺薄』，會因為『截取段落』不同而改變，所以用共鳴為軸心做經營決策很容易出錯。」

共鳴——乍看之下根深柢固，但其實隨時都可能翻盤。

健狗繼續說：「重點在於『截取哪個段落並予以呈現』。所以才說以共鳴為軸心做決策很危險。」

科技藝術博物館

「我想帶你去一個地方。」

這天，在安娜的邀約下，我去了一個好久沒去的地方。

我從鐵路轉乘輕軌，搭了十分鐘的車後，抵達一座跟大型商場連在一起的博物館。科技藝術博物館——Technology Art Museum，簡稱ＴＡＭ。

ＴＡＭ是一座娛樂場所，正如其名所示，這裡可以體驗運用最新技術做成的藝術作品，也是上納安娜剛創業時設立的地方。

安娜遠遠向我走來。

晶瑩剔透的肌膚，高挺的鼻子，充滿靈魂的雙眼——任誰看到上納安娜，都會回頭多看一眼。

「好久沒來了。」

「以前我們常來呢。」

說老實話，我很高興接到安娜的邀約。公司規模擴大後，工作環境漸入佳境，我的內心卻有些空虛。以前上班就像在籌辦學校園遊會一樣，大家都充滿了熱情。

我們難道再也回不到那段時光了嗎？

「進去吧。」

「喔、好。」

我們走進昏暗的入口，穿過閘門，來到一個巨大的黑色設施前，隨後進入館內。

我的對手是宇宙

TAM總共有五個場館，每個場館都有不同主題，供來賓感受各種世界。

第一次見到安娜時，她問我：「你覺得最棒的藝術是什麼？」

印象中我好像說了「音樂」。

「我覺得是宇宙。」她說。

這個回答令我吃了一驚。

「宇宙是藝術？」

「是啊！宇宙是最棒的藝術。」

我很享受這段與安娜談話的時光，從她口中說出的那些「世界奧秘」令我精神一振。

「據說人去到宇宙會變得非常柔和，青野，你知道為什麼嗎？」

「不知道……」

「因為宇宙的所有價值觀都是相對的。」

「相對的？」

「宇宙沒有上下左右，上方是哪裡？下方又是哪裡？身處三百六十度旋轉的空間裡，你所看到的『上方』，跟別人所看到的『上方』完全不一樣。在地球上能夠成立的詞彙，在宇宙卻不成立。」

「原來如此。」

「所以，太空人在說話時都是使用相對性的詞彙，像是『你的上方』、『朝向入口的垂直方向』……等。從太空船看地球你會發現，就連國境都是人類造出來的。你不覺得這是一種終極的藝術嗎？」

說這話時，安娜的雙眸閃閃發光。

「人生於世必須做出很多區分，自己跟別人、外國人與本國人、黑人跟白人……不勝枚舉。」

天才、秀才、凡人也是一種區分。

「區分事物時，一定要有境界分線。這條分線從何而來？我認為是重力。那是『家』，是『地點』。人類在重力的影響下踏著地球生存，因而產生自己的地方、自己的國家等概念。我想要打破這個狀況。」

也因為這個原因，TAM的一貫主題都是「Universe（宇宙）」和「Experience（經驗）」。

安娜繼續說：「藝術和科技的功能在於動搖人類的認知。藝術能呈現出當代的美麗事物，科技能消除至今人體做不到的境界分線。也就是說，藝術和科技是擦掉分線的橡皮擦。所以……我很嫉妒宇宙的創造者。」

這讓我想起一件事，以前有媒體在採訪安娜時問她：「您將誰視作競爭對手呢？」

「宇宙的創造者。」

安娜的回答讓當場所有人頓時滿頭問號。

安娜指著螢幕說：「因此，我才將這座博物館打造成接近宇宙的感覺。」

接近宇宙的感覺。回想起來，這確實是TAM的目標。

來賓進到TAM後，入口處會幫他們在手腳裝上類似護腕的特殊裝備，透過細線與背上的器材連結，操縱四肢的動作。

護腕裡有磁鐵，TAM裡四處裝有磁性裝置，可藉由控制「體感體重」，讓來賓體驗「相對化」的感覺。

TAM的五個主題館分別是「身體」、「時間」、「年齡」、「居所」、「死亡」。來賓可透過各種設施，接受這五種主題的相對化體驗。

以「死亡館」為例，手腳上的機器重力能剝奪來賓的視覺與聽覺，讓體感年齡上升至八十歲。來賓站在鏡子前，與八十歲的自己對話，讓現在的自己面對未來的自己。

幾分鐘的對話結束後，八十歲的自己就會消失，出現十三歲的自己。

這時體感年齡也會變成十三歲。

不僅如此，系統可透過網路處理來賓的文書與聲音檔案，為「另一個自己」設計「口頭禪」，甚至調整「說話速度」。因此，鏡中十三歲和八十歲的自己，說話方式與真正的自己如出一轍。

來賓只要先進行簡單的資料登錄，即可在「自己的房間裡」跟「八十歲的自己」和「十三歲的自己」對話。

這座博物館的設計思想背景，正是上納安娜對於現實的執著。

安娜說：「若沒有現實，就沒有虛幻現實。」

長相、聲音、居所、體感——正因為有這些現實，我們才能將「死亡」相對化。

這些構想全出自上納安娜，人們稱呼她為——「天才」。

我久違地將五個主題館全繞了一遍。館內不斷傳出「哇！」、「好厲害喔!!」等驚嘆歡笑聲，一對情侶玩得不亦樂乎。

看到大家的笑容，安娜的表情稍稍緩和了一些，但又馬上緊繃起來。

「我真的想不透……這些人看起來這麼歡樂。這麼有趣的生意，為什麼就是做不起來、賺不了錢呢？」

「……是啊。」

「如果可以一直這樣就好了，只要盡力讓客人一直這麼快樂，總有一天絕對會賺錢的。」

一個機靈的員工，遇到這種情況會說什麼呢？一個支持天才的秀才菁英，會怎麼安慰她呢？

正當我要開口時，安娜制止了我。

「不用安慰我。」

她皺起眉頭，昂首看著天花板，低語道：「或許大家『厭倦』了吧，厭倦了這座博物館，厭倦了我。」

「厭倦」：人類最大的敵人

「『厭倦』啊……」

把來龍去脈跟健狗一說後，健狗自顧自地呢喃起來，露出有些傷腦筋的表情。

「『厭倦』是一個大難題，也是最難解的問題。」

「是、是喔？」

「是滴。說的極端一點，人類最大的敵人就是『厭倦』。」

「『厭倦』是人類的敵人？」

「是滴。一個組織要進步，最重要的就是『厭倦』。所謂的厭倦，是指人類對空白的取向。」

對空白的取向？厭倦？

我聽得一頭霧水。

「公司和社會中都有感到厭倦的人，有些人厭倦了時代，有些人厭倦了傳統做法。對創新的人而言，『厭倦』是極大的痛苦，生不如死的痛苦。」

「厭倦是極大的痛苦？」

「是滴，天才尤其如此。要天才活在別人鋪好的道路上，他們一下子就厭倦了。所以他們自鋪新路、創造新的價值，開啟一場『對抗厭倦的壯烈戰爭』。」

「我懂了，他們不想活在別人鋪好的道路上……」

「舉個比較好懂的例子，假設有一個八歲的天才男孩……」

「天才男孩？」

「這個男孩才八歲就能解開研究所程度的數學問題，如果把他送進一般小學就讀，他肯定一下就『厭倦』了吧。」

「肯定的吧。」

「那你覺得他上課會做什麼？」

「無心上課，不是睡覺……就是做其他事。」

「沒錯，大概會在課本上塗色、畫老師、扮鬼臉，做一些無關緊要的事。又或是自己想問題、糾正老師的錯誤。因為他們比老師還會念書，你能想像嗎？」

我試著想像了一下，確實是如此。電影中也常有老師被天才兒童指出錯誤後，惱羞成怒的場景。

「……可以想像。」

「是滴。這樣的場景，就是『創新』誕生的時刻。當天才基於『厭倦』，對『世間的空白』做出指正，就會產生革命性的創新。」

革命性的創新源自於天才「近乎厭倦的情緒」。

「在天才的眼中，傳統的做法、毫無效率的社會是非常不妙且令人厭倦的。也因為這個原因，天才才會受到指責，這跟糾正老師的錯誤是一樣道理。不過，這也是創新的起源。哇哈哈哈！」

健狗突然哈哈大笑。

這隻狗是怎樣？這句話的笑點在哪啊？

「大人有很多對付『厭倦』的方法，像是玩樂、培養興趣、花錢、談戀愛……等。可是呢，這些都不是天才所追求的。天才對傳統世界感到厭倦，對他們而言，這個世界處處都是『得以改善的空白』。所以他們才會指出錯誤、創造新物。他們追求的，是能夠讓內心熱血沸騰的『空白』，藉此滿足厭倦的心靈。」

「能夠讓內心熱血沸騰的空白……」

「基本上每個組織都有『老師』一般的存在，而『老師』正是殺死天才的劊子手。當然，這裡的『老師』不僅限於真正的教師，而是一種比喻。」

老師……

秀才的一種。覺得自己是為了天才好而指導天才，但對天才而言，他們是好奇心的扼殺者。

「『老師』……？可是……這些『老師』應該不是壞人吧，他們也是出自好心啊。」

「是滴，對凡人和秀才而言，『老師』確實是好心好意。但對天才而言，很多『老師』做事都缺乏效率。正因為『老師』並無惡意，整件事情才會這麼棘手。」

「『天才』與『厭倦』是組織發生創新的兩個必要條件，而且不能讓秀才擔任天才的『老師』，這一點非常重要。」

「原來是這樣……」

「還有一件更重要的事，那就是『厭倦』是有時差的。」
「厭、厭倦有時差？」
「沒錯。就這點而言，上納安娜要面對的問題，並非『大眾的厭倦』。」
「……？？？」

當天才厭倦時

這倒讓我聽糊塗了。如果「天才和厭倦」是引發創新的重點，那天才感到厭倦不是一件好事嗎？
「你聽好了，厭倦有兩個意義，一個是被大眾厭倦，這個應該不難想像吧？就是前面提到的黑白棋翻面，藝人逐漸消失在螢光幕上就屬於這一種。」
「嗯，我懂。」
「另一個是對自己厭倦。首先你要具備一個觀念，這個觀念很重要，那就是在大眾感到厭倦前，天才早就厭倦了。」

圖 11：厭倦的機制

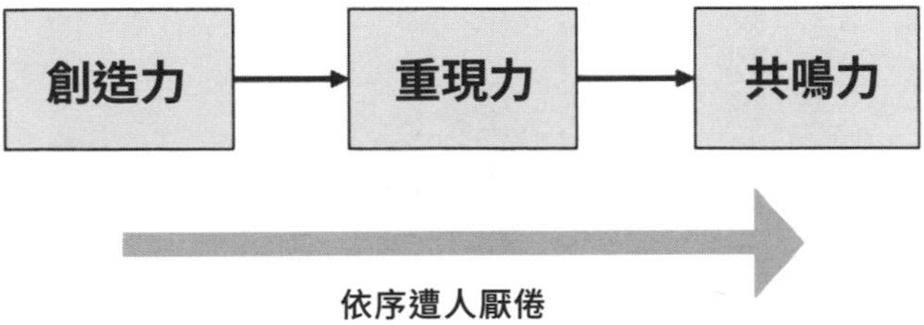

「天才早就厭倦了？」

「是滴。創意也好、事業也好，所有事物都是透過三個程序傳開的（圖11）。簡單來說，就是某人做出來的新東西，透過工廠或系統大量生產，最後成為大眾生活的一部分。

舉例來說，iPhone就是先做出原型，再擴大生產，然後成為人們生活中的一部分。創意跟流行語也是一樣，都是由某人先想到，再透過書籍、影片等重現性較高的工具流傳開來，經過重複生產，最後變成一般大眾都在使用。」

「不斷重複使用，然後傳開……」

「經過大量消費後，大眾就會感到厭倦。這時創新將面對兩個選擇，一是消失，二是成為商品。」

「遭人厭倦的事物不是消失，就是成為商品……」

「是滴，說得具體一點就是，那些除了新潮一無是處的事物，最終會被大眾厭倦然後完全消失；實用的事物則會留下來，成為必需品或一般商品。也因為這個原因，那些比較重視品牌的企業，都很討厭自己的商品被大眾『重複長期使用』。」

如果大家人手一個ＬＶ包，路易．威登（Louis Vuitton）的品牌價值就會下降，是這個意思嗎？

「可是呢，這是從『消費方』分析的厭倦機制，重點在於『製作方』，也就是天才感到的厭倦。簡單來說，在大眾厭倦前，而且是很久之前，天才就已經厭倦了。你們總經理不是這麼說的嗎？『或許大家厭倦了吧，厭倦了這座博物館，厭倦了我』。」

「對。」

「真正感到厭倦的其實是她自己——上納安娜，只是她沒發現而已。」

她沒發現自己厭倦了？

「聽不懂。」

「你聽好了，『厭倦』可分為良性和惡性兩種，良性是『可察覺的厭倦』。」

「可察覺的厭倦？」

「剛才說的天才小學生，就是個很好的例子。他明確感受到自己對上課的厭倦，覺得上課很無聊。也就是說，他已經注意到自己厭倦了。可是呢，有些厭倦是自己察覺不到的，這對天才而言非常不利。」

「自己察覺不到厭倦？可能嗎？」

「多著呢！很多厭倦是察覺不到的，因為很容易被其他事情掩蓋，比方說，很多人其實早就厭倦了現在的工作，只是一直用興趣來掩蓋對工作的厭倦感。這樣你應該就懂了吧？」

「確實如此，我好像也是這樣。」

「對吧。」

「可是……這樣有什麼不好？人本來就要設法讓自己快樂啊。」

「沒錯！你說對了！」

「咦？」

「是滴，你說的沒錯。人多少都會感到厭倦，尋找替代的事物並沒有錯，反而有它好的一面，這點我不予否定。可是，天才不一樣。」

「天才不一樣？」

「天才不能活在厭倦之中。這句話的意思是，一旦厭倦了，天才就會瞬間『降格』，跌落天才的寶座。」

「降、降格？」

「是滴。天才為什麼會厭倦？原因很簡單，因為他們百分之百確立了自己的『勝利模式』。即便是前所未見的全新方法，重複多次後還是能找出某種『模式』。天才希望凡人能喜歡自己，渴望獲得多數人的喜愛，如果天才迎合別人，就必須改用『重現力』跟人競爭。一旦出現這種鬆懈的念頭，天才就會降格為一般人，不再是天才。」

「天吶……你的意思是說，現在的上納安娜打算當一個凡人？」

「是滴。」

「不行……我一定要阻止她！」

「喔？你怎麼突然這麼激動？」

「她是百年難得一見的曠世奇才！我絕不允許這樣的才華從世上消失！」

「等一下，你這句話是認真的嗎？」

「什麼??我當然是認真的！」

「你好殘忍。」

「殘忍？你說我？」

「改當秀才或凡人，對她而言或許比較幸福。」

「當秀才或凡人比較幸福？怎麼可能？」

「你真的什麼都不懂，你是傻子嗎？凡人不懂天才活得有多辛苦，這些名為『天才』的人，生來只能靠創造新事物來滿足自己。這可不全是好事，也有很多心酸跟痛苦。」

「怎、怎麼可能有這種事！」

「唉，算了，你總有一天會明白的。這是『天才的黑暗面』，總有一天你會看到天才那深不可測的深淵。」

天才的黑暗面……？

✖

那天以來，我的心情就有如蒙上一層灰一般。

我是真心想幫助上納安娜，然而健狗卻告訴我，她想要放棄天才這個身分。

這是我第一次不認同健狗說的話。我決定專注做自己能做的事——能為上納安娜做的事。

現在我能做的，就是「製造機會讓同事認識ＴＡＭ」。

如果一般人都擁有敏銳的「共鳴力」，那公司裡那些支持「換總經理」的勢力，應該也很容易就轉變態度。於是，我決定向公司提案舉辦員工旅遊，帶大家去ＴＡＭ走一趟。

今天是公司開內部預算會議的日子，然而，現場氣氛卻是劍拔弩張。

「員工旅行⁇什麼鬼啊？」

上山會計財務部長繃著一張臉問我。

「我想帶大家去參觀TAM。」

「為什麼?」

「因為我想讓大家親身感受TAM的好。」

「有必要嗎?」上山部長不等我說完，緊接著又問。

「有，我認為有必要，去到現場才能感受TAM的價值。」

「我不是在問這個。我的意思是，為什麼一定要帶大家去藝術博物館?這麼做的必要性是什麼?你沒有回答到我的問題。」

唔……我不擅言詞，更別說向別人說明了。尤其是當對方咄咄逼人時，我總是無言以對。

「因、因為……那個……嗯……」

「因為什麼?你說啊?」

我能感受到上山部長的不耐煩，但如果臨陣退縮，我就真的沒臉站在這裡了。

「我覺得……員工應該多了解公司的事業狀況。」

令人意外的是，公司裡有很多人沒有去過ＴＡＭ，所以我才會提出這個建議。

上山部長催促我繼續講下去。

「然後呢？」

「若能親自到現場體驗，一定能進一步了解這座博物館的價值。您前幾天也說沒去過不是嗎？」

「嗯哼，你說員工不了解狀況，有什麼憑據嗎？」

我拿出一份資料。

「有、有的！調查結果顯示，公司裡只有四成的人去過ＴＡＭ……有去過的人都很喜歡那裡。」

「嗯哼，是喔。可是真的有必要去嗎？ＴＡＭ的客數減少，賺不了錢，代表這個地方根本沒什麼人要去，不是嗎？」

「是沒錯。」

「我覺得沒有必要，這要花多少錢？自費嗎？還是公司出？」

又是一連串問題。

「可以的話，我想要租一輛巴士，在平日帶大家過去。」

「喔，那就沒得談了。你知道這得花多少錢嗎？你知道平日去代表什麼？代表公司要停止營運一整天吔！」

「我知道……可是……」

「不要再可是了！青野，你們公關部要辦就辦在週末，要參加的人自費參加。」

為什麼……這個提議有這麼糟嗎？有六成員工沒去過公司創立時就成立的博物館，這樣不是很奇怪嗎？但無論我怎麼說，他都無法理解。

「好……我明白了，我先用自己的方式做做看。另外還有一件事……」

「沒時間了，你不用再說了，討論下一個議題吧！」

我低頭看向手邊，不禁握緊了拳頭……那是我昨天努力準備的資料。

拿好自己分到的牌卡

「你怎麼無精打采的？」

健狗上前關心我的狀況。

我覺得自己好像小孩子。

「……其實我早就知道了。」

「早就知道了？」

「早在你告訴我之前，我就知道天才是孤獨的。這三年來，我好幾次看出安娜只想當個普通人。可是……我還是不願放棄相信她是貨真價實的天才。」

「喔，你心裡一定很難受吧，迷戀天才的才華是人類的本性，這是一種宿命。算了，先別想這個了，今天來開喝吧！」

我開了一罐啤酒，健狗則吃起了高級牛肉乾。我把今天早上開會發生的事全告訴了牠。

「喔？所以你就垂頭喪氣地回來了？沒有反駁那個會計財務部長？」

「對、對啊……」

「天吶！真沒用吔，連狗都覺得你沒用。」

「別這麼說嘛……我也覺得自己很沒用啊，唉……」

「別擺著一個苦瓜臉嘛！振作一點！」

「可是……」

「不要再可是了！你這個白痴！汪!!」

「對、對不起！」

「你知道史奴比嗎？」

「史、史奴比？你是說狗的史奴比嗎？」

「是滴。他可是我的好兄弟喔！以前我們還組團玩過音樂呢！」

史奴比跟忠犬八公組團玩音樂……？

我試著想像了一下，還、還真可愛。

「這個組合真不錯。」

這讓我心情緩和了一些。

「對吧？當時我們的走紅程度可不輸給偶像喔！史奴比作詞，我當主唱。史奴比真的很有創作才華，他寫過最棒的歌叫做——

〈你為什麼是狗狗？〉

這首歌的歌名，其實是他的主人查理．布朗實際問過他的問題。『史奴比，你為什麼是狗狗？』你知道史奴比怎麼回答嗎？」

「我想想喔……『汪毋知影！』嗎？」

「才不是，你這個笨蛋。史奴比回答：

『你問我為什麼是狗狗？這有什麼辦法！人生只能用自己拿到的牌卡戰鬥啊！』」

「人生只能用自己拿到的的牌卡戰鬥……這個回答真是深奧。」

「天賦也是一樣。」

「天賦也是一樣？」

「是滴。我們只能用自己分到的天賦戰鬥，你不知道會拿到什麼牌卡。所以，抱怨自己為什麼不是天才、為什麼不是秀才，只是在浪費時間。重點在於看清自己拿到什麼牌卡，了解牌卡的使用方法。」

「了解牌卡的使用方法……」

「是滴。你是凡人沒錯，但這次你踏出了一大步。你打算發揮自己的共鳴天賦對吧？這個行為就是拿著上天給你的牌卡戰鬥。」

我回想了一下今天的會議。

雖然就結果而言是失敗的，但至少我可以抬頭挺胸地說，我嘗試過。

「對，我輸了，但我有出牌。」

「聽好了，很多人放著自己的天賦不用，一輩子就只會吵著要糖吃。天賦是很現實、很殘忍的，有些人的牌卡很強，有些人的牌卡很弱，這樣的差別給了某些人不出牌的藉口，每天幻想自己才華洋溢、說不定是天才，但到頭來只是痴心妄想罷了。這一點你應該最清楚吧？」

「對……我很清楚自己沒有才華，永遠無法成為上納安娜。」

「沒錯，所以才會常常失敗。就算你鼓起勇氣出牌，很多時候還是會以失敗告終。但最重要的是不斷出牌，只要你不斷向世間展示自己拿到的牌卡，我可以向你保證一件事。」

「什麼事？」

「你一定會遇見有史以來最棒的自己。我向你保證，天賦是可以磨練的，運用天賦的最大好處，就是讓你遇見前所未見的自己。」

我將健狗的話咀嚼了一番，好像真的是這樣沒錯。

國中時我曾練過棒球。雖然沒有棒球天賦，但我並未放棄，隨著揮棒的次數愈來愈多，失敗的次數也不斷增加。但事實證明，球場上的我雖然渺小，但每失敗一次，我就會茁壯一些。

「我好像聽懂了……好像啦！可是……」

圖 12：了解「天賦奧秘」的三個階段

第一階段	了解自己的天賦，並加以活用	←現在已過關
第二階段	了解相反天賦的力學，並加以活用	
第三階段	選擇武器，排除極限	

「嗯？」

「我還是想贏，我想用共鳴牌卡，贏過秀才的重現牌卡。」

「哎呦！你不錯嘛！」

健狗瞪大眼睛，似乎很高興。

「你再說一次。」

「咦？」

「再說一次『我想贏』！」

「我想贏！」

「很好！就是這樣！你好像跟之前不太一樣了！」

「謝、謝謝……」

「我就說吧！你現在已經通過活用天賦的第一階段了！」

「第一階段？」

「第一階段是了解自己拿到的卡片並鼓起勇氣使用。你過關了，終於可以晉級了！我問你，你知道為什麼地球沒有毀滅嗎？這都得歸功於三個使者！」

「地球毀滅……??」

第2階段 相反的天賦

世界的守護者

「你不覺得很不可思議嗎？」

「不可思議？」

「是滴。如果這個世界上有三種天賦，且軸心不同就無法溝通，公司為什麼還能運作？」

「被你這麼一說，好像是吔……」

「是滴。其實是因為有『使者』遊走於這三種人之間，協助三方溝通。」（圖13、圖14）

圖 13：防止溝通鴻溝的「三種使者」

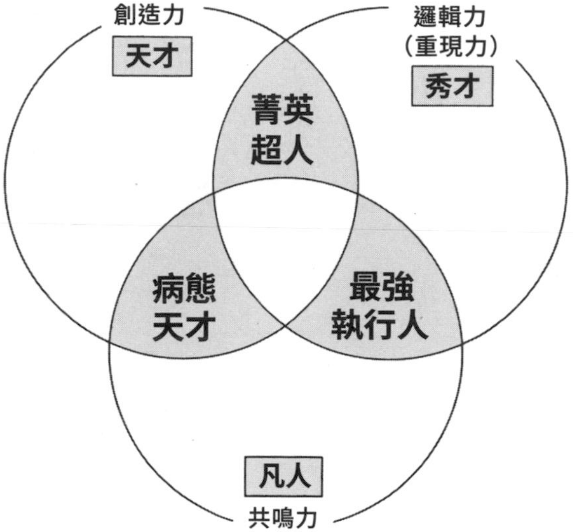

「使者？」

「是滴。這些使者同時擁有兩種天賦，像是『創造力＋重現力』，又或是『重現力＋共鳴力』。

第一種使者叫作『菁英超人』，他們擁有優越的創造力和邏輯力，但完全不懂共鳴。要比喻的話，就像在投資銀行上班的那些人。」

我想健狗是指那些很會工作，但如同生化人一般沒有感情的人吧。

健狗又說：「再來是『最

圖 14：三種「使者」的能力

菁英超人

有創造力
有重現力
喜歡做生意

最強執行人

公司的王牌菁英
到哪都能闖出一番天地
但無法引發革新

病態天才

天才與凡人的橋梁
不擅長捕捉事物的結構

強執行人』，什麼都難不倒他，非常精明能幹。這種人講邏輯，但也會顧慮別人的心情。他們是公司的王牌菁英，最能夠領導他人，也最受歡迎。」

牠說的，應該是那種廣受後進愛戴、周遭人都很尊敬他的那種領袖型人物吧。

「最後一種是『病態天才』，簡單來說就是曇花一現的創作者。他們擁有高度創造力，同時也擁有共鳴力，所以能理解凡人的心情，懂得體貼他人。因此，病態天才通常能夠創造出爆紅作品。但因為缺乏『重現力』，所以很容易大起大落，以至於最後不是自殺就是生病。」

感情豐富的創作家……是嗎？

「在這『三種使者』的協調下，組織才能順利運作不崩盤。一個優質的組織，必須讓三種天賦相助而非相殺。公司能夠進步成長，背後少不了這三種使者的功勞。」

菁英超人：

天才與秀才間的橋梁。擁有創造力、重現力，善於創造也講究邏輯。能白手起家創辦大企業的通常屬於這種人。菁英超人最喜歡做生意，隨時都在研究與挑戰，下屬時常跟不上他們的思考與腳步。要形容的話，就是「外表光鮮亮麗，遇到下屬就焦頭爛額」。

最強執行人：

秀才與凡人間的橋梁。重現力和共鳴力是他們的武器，邏輯很強，也能為他人著想。每間公司都有這麼一個「王牌菁英」，讀書時就是風雲人物，找工作也難不倒他

們，總能順利進入自己的第一志願。他們經常遊走於營業部與開發部、正職員工和兼職員工、總公司和工地或分店之間，是非常優秀的企管人員。這類人的弱點在於無法創新，新事物到了他們手上只會淪為「舊有事物的翻版」。

病態天才：

天才與凡人間的橋梁，創造力與共鳴力是他們的武器。除了能夠創新，他們也能靠直覺抓住世人的心理，找出潛在需求。但這類人不擅長捕捉結構，所以只要遇到必須與其他部門協調、擴大組織、權限下放等事宜，通常都是以失敗告終。

「三種使者……」

「聽好了，你現在的當務之急就是找到合作夥伴，一個在組織溝通出問題時，可以幫你跟對方接軌的夥伴。就你的狀況來看，你需要跟秀才之間的橋梁。」

「連接『秀才』跟『凡人』的使者……」

「是滴，你需要找一個『最強執行人』，一個願意聆聽別人的意見，又能夠條理分明地說出自己想法的人物。你們公司有人符合這個條件嗎？」

我將公司同事想了一輪。

確實有一個符合條件的人。

（回想場景）

「不過啊，青野，退一百步來說，就算她還沒玩完好了。讓她看起來『有戲唱』應該是你的工作吧？」

「咦？什麼意思？」

「公關要負責『包裝』，那是你的工作不是嗎？」

「……是沒錯啦……」

「所以不負責任的是你，不是我。」

同梯的橫田！他雖然不信任上納安娜，卻願意聆聽別人的想法，再加上口齒伶俐，應對自如。他也許就是我要找的人！

「我有一個問題。找到最強執行人後，要如何取得他的協助？凡人的邏輯不是很差嗎？應該沒辦法說服他們吧。」

「問得好！凡人要取得『最強執行人』的協助，必須靠一句關鍵問句——『如果是你會怎麼做？』」

「關鍵問句……??」

如何讓「最強執行人」為你效勞

「你聽好了，秀才型非常重視重現，他們研究流程與做法，化作文字與語言，簡單來說，這些人都有自己一套最佳做法和規則。但要注意的是，一樣米養百樣人，有些秀才願意與他人分享這些做法，有些則不願意；有些秀才會將這套做法強壓在別人身上，有些則不會。你以前讀書時應該也遇過吧？有願意教別人念書的秀才，也有只顧自己成績的秀才。」

「……可以想像。」

「之所以會有這樣的差別，在於當事秀才有無『共鳴力』。最強執行人能夠對別人感同身受，他能夠了解那些做不到的人的心情，所以只要有人來問問題，他們都能不厭其煩地教導對方。這也是他們受歡迎的原因。」

「好像是吔，這種擅長教導別人又不是書呆子的人，確實人緣最好，基本上每個班上、每間公司都有這種人。」

「要取得最強執行人的協助，只要向他們請教一句：『如果是你會怎麼做？』再如法炮製即可。偏偏很多凡人都做不到這一點。」

如果是你會怎麼做？這個問句有這麼管用嗎？好難想像。

「如果我沒有跟你說這些，你會怎麼拜託橫田？」

我在腦中想像了一下。

「我應該會跟他說，為了幫助上納安娜，我要辦一場TAM員工旅行，希望他能幫忙。」

「也就是直截了當地拜託他對吧？還真像你會做的事。」

「是、是啦，對不起。」

「可是呢，這樣他是絕對不會幫你的。因為只要他問你『為什麼？』、『你為什麼要幫助上納安娜？』，你就沒轍了，就像平常開會那樣被問到啞口無言。」

「嗯……對吔，我每次被問到原因跟邏輯就回答不出來，然後無疾而終。」

「這種時候你應該要說的是：『如果是你會怎麼做？』、『拜託你教教我。』」

「為什麼呢？」

「因為『主詞不一樣』。每個人都有自己習慣使用的『主詞』，說得準確一些，天才、秀才、凡人的主詞都不一樣。」

你慣用的主詞是？

「之前我們聊過，天才、秀才、凡人的『軸心』不同，所以溝通永遠沒有交集。」

「對。」

「其根本原因在於『主詞的不同』。」

「意思是……？」

「每個人都有自己慣用的『主詞』。心裡只有自己的人通常用我當主詞，一天到晚都在說我覺得怎樣、我想怎樣……在意他人眼光的人通常用別人當主詞，哪個人討厭我、哪個人覺得怎樣……我們說的每句話都有主詞，只是有時候省略掉罷了。」

我從未關注過這件事，但仔細想想，確實有人一天到晚把「我是這樣覺得啦」、「我個人認為」掛在嘴邊。

「主詞可大致分類為『人』、『組織』、『世界』這三種，你屬於哪一種？」

一、說話以「人」為主詞。大多凡人皆如此。

二、說話多以「組織」、「規則」、「對錯」為主詞。大多秀才皆如此。

三、說話多以「世界」、「真理」為主詞，談論超脫等主題。大多天才皆如此。

「我應該是……第一個。」

「是滴，你很明顯是以『人』為主詞。」

牠說得沒錯，我都是以「人」為主詞。

「也就是說，你屬於『I型凡人』。」

「I型凡人？」

「是滴，凡人又能分為三種——」

I型……主詞為自己（I）。以「我覺得怎樣」、「我想怎樣」為思考軸心。

Y型……主詞為對方（You）。以「你認為怎樣」、「你有什麼感覺」為思考軸心。

W型……主詞為家人、夥伴（We）。以「我們（包含自己在內的團隊）覺得怎樣」、「怎麼做我們才能獲得幸福」為思考軸心。

「這三種凡人的共通點是主詞都是『人』，以人的感受為軸心，將談話重點放在能否產生共鳴，這也是凡人之間起衝突的原因。」

「凡人也會起衝突嗎？」

「是滴，你說這不是廢話嗎？就算同為凡人、同為秀才，還是會彼此起衝突，而且有些類型還會特別不合。」

「比方像是I型（主詞為自己）的人嗎？感覺I型的人都彼此不合。」

「是滴。如果雙方都是I型，因無法體諒對方，最後就會各奔東西、我行我素。相反的，如果雙方都是Y型（主詞為對方），因為沒有『自我』，就會變成『雙方都很為對方著想，卻一直在原地打轉，談不出個結果』。」

要比喻的話，應該就像情侶在那邊扭扭捏捏、優柔寡斷、遲遲做不出決定吧。

「另一方面，一堆W型（主詞為夥伴）可組成『超團結類宗教組織』，高唱『我們就是怎樣怎樣』、『我們是血濃於水的夥伴』。」

「原來如此……我是那種用『我想怎樣』跟別人溝通的I型。」

「是滴。I型的人很不擅長應付秀才，說得準確一點，就是不擅長邏輯思考。在秀才眼裡，你們就是只顧『自嗨自爽』、完全不講邏輯的人。」

秀才凡事以組織對錯為優先，最不能接受「I型凡人」的想法。更何況，I型本就是這三種凡人中最不擅長活在組織裡的一支。

「唔……可是，我是真心為總經理著想。」

「你真的什麼都不懂吔。聽好了，溝通的重點在於對方如何感受。在秀才看來，你就是在自嗨自爽，只顧自己的喜好，主詞全部都是自己。」

「可是這樣有什麼不對？難道要一天到晚問別人的意見嗎？人家不是說工作時『will』很重要嗎？」

「你說得沒錯。I型其實是很有潛力的，你們有自己的目標，比Y型更有勇氣和骨氣。只是你們在溝通時，也就是在組織工作時，必須在主詞上特別下工夫。」

「……我們I型在組織工作時，必須在主詞上特別下工夫？」

「是滴。」

天才倚物理而生，秀才仗法律而活

「你有聽過這句格言嗎？」

健狗一臉臭屁。

「天才倚物理而生，秀才仗法律而活。」

「天才倚物理、秀才仗法律……沒聽過。」

「你真的很糟糕吔，這可是天賦論的名言，你居然沒聽過？」

「抱歉，我真的沒聽過，這句話是誰說的呢？」

「我。」

「啥？」

「我說的，而且是剛才想到的。」

我嘆了一口氣。

「拜託你繼續說下去吧……」

「有趣的是，大多天才都跟『物理』有所關聯，像是自然社會、宇宙……等。伊隆．馬斯克（Elon Musk）、愛因斯坦、霍金（Stephen Hawking）等人，都跟宇宙有關。」

「確實如此……我們家總經理也跟我談過『宇宙』。」

「聽好了，這其實是一種必然。為什麼呢？因為自然社會是這個世界上，最能也幾乎是唯一一個可以滿足天才好奇心的存在。天才的所有活力都出於好奇心與探求心，『自然』的『資訊總量』多到驚人，再加上謎團多、變數多，這個世界充滿了變數與謎團，對天才而言是最棒的考察場。」

「自然界能刺激好奇心……」

「是滴，這就是『天才倚物理而生』的意思。」

天才倚物理而生……確實如此，但我還是有疑問。

「可是……這世界上也有像亞當・史密斯（Adam Smith）、彼得・杜拉克（Peter Drucker）這種天才呀，松下幸之助也是……該怎麼說呢？有點像哲學家的感覺。」

「很好！你問得很好！那是因為天才有兩種，我稱之為『X次元天才』和『Y次元天才』。」

「X次元和Y次元？」

X次元……喜歡探討世界是什麼形成的、什麼是實際存在的事實。對「存在」抱有興趣。

Y次元……喜歡探討人類如何認識世界、什麼最能改變世人的認知。對「認知」抱有興趣。

「存在（X）與認知（Y）啊……」

「是滴。天才分兩種類型，簡單來說，科學型天才屬於X，實務型天才屬於Y。真心想讓這個世界變得更好的經營者屬於後者。」

「那麼……秀才仗法律而活，又是什麼意思呢？」

「『法律』是秀才的典型主詞。」

「你的意思是，秀才說話習慣用『法律』當主語？」

「是滴。你聽好了，秀才跟凡人、天才一樣，可以用『主詞』來分類——」

K型……主語為「知識（Knowledge）」，說話以自己知道的事物、經驗、理應如此的事物為軸心。

R型……主語為「對錯（Right or Wrong）」。說話以組織利益、明文規定、對錯為軸心。

「以知識（K）與對錯（R）為軸心……」

圖 15：凡人、秀才、天才的七種類型

	類型	主詞
凡人	I	自己
	Y（You）	對方
	W（We）	家人、夥伴
秀才	K（Knowledge）	知識
	R（Right or Wrong）	對錯
天才	X（存在）	世界是什麼形成的
	Y（認知）	人類如何認識世界

「比方說，有些人只認同自己的所知，明明還有其他可能性，他卻視而不見，總是強迫別人接受自己的意見。你身邊應該也有這種人吧？」

「有。該怎麼說呢？有些主管雖然自己的做法沒錯，卻不肯認同別人的做法。」

「是滴。這種就是以『所知』為軸心的秀才。我舉的是不好的例子，但這種類型其實也有好的一面。另一種是以『對錯（R）』為主詞的秀才，這種人以『對錯』為軸心，經常把公司利益、組織利益掛在嘴邊，強調規則是怎樣、校規是怎樣、為公司好應該怎樣。跟凡人不同的是，他們是以『好壞』為軸心，而非『好惡』。」

「好壞？」

「是滴。凡人的主語是人，他們在意的是『心情好或不好』，也就是喜不喜歡、安不安心，換句話說，他們最大的興趣是『人類這種動物』。」

「原來如此。」

「可是秀才不一樣，他們在嚴厲的規則與競爭中存活至今，所以在好惡之上，他們更在意『好壞』，排行榜的信徒就是如此。雖說人都有自己的喜好。但秀才在工作上完全是以社會生物的角度來判斷一切。用一句話來說，就是對錯。」

「你的意思是，他們活在充滿規則的世界裡。」

「是滴。他們深信『利益是絕對的善』，並以此為判斷基準。」

「也就是所謂的菁英分子？」

「是滴。這就是『秀才仗法律而活』的意思。秀才倚仗的依據有二，一是知識，二是社會決定的對錯。」

「好有趣喔！」

我忍不住高聲喊道。

改變主語，讓「最強執行人」加入你的陣營！

「可是，為什麼一定要問『如果是你會怎麼做』啊？」

我回到原來的話題。

「這句話的重點在於改變主語。你們之所以無法說服秀才，其中一個問題就出在『主語不同』。秀才看的是整個組織、整個社會，在他們耳裡，凡人說的話就只是『感想』和『意見』。說老實話，秀才有點瞧不起凡人。」

「沒錯……我在公司就是這種感覺。」

「要解決這個問題只有一個方法，那就是改變『主語』，所以才要問：『如果是你會怎麼做？』然後將自己的想法告訴對方。因為最強執行人懂得共鳴，會對他人伸出援手。」

「原來是這樣。」

「凡人還有一個方法可以取得秀才的協助，那就是盡可能多用『對方說過的話』。」

「多用對方說過的話？」

「是滴。秀才最注重重現，他們一定記得過去自己說過哪些話，而且不願改變想法。因此，向秀才說明請求幫忙的目的和背景時，應盡可能使用他們以前說過的話。」

「我好像懂你的意思……」

「我舉個實際案例好了。有個凡人要尋求上司的協助，那個上司曾說過應『捨規模取盈利』，可是就工作現場來看，有時實在不能捨棄規模。於是他就問上司：『我記得您以前曾告訴我們應捨規模取盈利，這句話是否有例外呢？』」

「你的意思是，從對方說過的話下手……」

「是滴，重點就在這裡。秀才活在重現的世界中，比起『新的事物』，『有人說過的話』更能讓他們安心。這很重要。」

我拚了命地做筆記，隨後腦中冒出一個問題。

「順便問一下，這個方法對天才管用嗎？」

「管用喔！『如果是你會怎麼做』這句話對天才一樣有效。只是，跟天才說話前，你必須有所準備。」

「準備什麼？」

「你必須準備『問題』，而且是有吸引力的問題，能夠刺激天才的好奇心的問題。要做到這一點，『如果是你會怎麼做』這個問句才能發揮其價值。這一點你可要記好了！」

橫田，如果是你會怎麼做？

我久違地約了橫田一起吃午餐。

「幹嘛啦，突然找我吃飯。」

橫田說歸說，還是很開心地答應了我的邀約，我們兩個同梯好久沒有像這樣聊天了。

「橫田，你去過科技藝術博物館（TAM）嗎？」

「有啊，當然去過。」

「你覺得那邊如何？」

「我覺得很好啊，可以了解我們公司的技術基礎，重點是很好玩。」

橫田是個懂得變通的人，他果然有去過。

「是啊，TAM可以幫助我們了解公司的技術基礎。」

「怎麼啦？突然找我出來。是為了上納安娜的事嗎？」

「不是，我今天是來向你請教意見的。」

「意見？」

「我想帶公司的人去參觀TAM。」

「你怎麼還在講這件事啊？」

「就像你剛才說的，我想讓同事了解公司的技術基礎。雖說讓公司外部的人了解也很重要，但我認為有必要讓內部的人知道。」

「是喔，為什麼你會這樣覺得？」

「去TAM可以了解公司的技術基礎，可是你看這份資料。資料顯示，全公司只有四成員工去過TAM。」

「原來如此，所以你才來跟我求助。」

「對。橫田，拜託你告訴我，如果是你會怎麼做？你也知道我很不擅長說明解釋，但我真的很想幫助上納安娜。」

「ＯＫ，ＯＫ，我答應你。」

「謝謝你。」

「你遇到什麼問題？」

「我說服不了財務那邊。」

「財務？」

「對。我們公司不是在省經費嗎？所以財務不肯答應我，說沒必要辦這種活動。」

「他說的也不是沒有道理。公司確實很多人沒去過自家博物館，但這件事跟其他事情比起來，並不是那麼迫切需要。」

「……如果是你會怎麼做？」

「我啊……這個嘛……我會設法取得人力資源部的支持。」

「人力資源部？」

「沒錯。若用公關名義申請，這確實是一大筆費用。但對人力資源部的研修費用而言，就不是什麼大錢了。」

「原來如此！你的意思是說用內部研修費用來申請這筆錢？」

「是的。財務那邊不肯，是因為他們不肯添加預算。只要用人力資源部的預算出這筆錢，他們應該就沒話說了。」

「可是人力資源部會不會不肯？」

「有正當理由應該就沒問題。現在我們公司正為離職率很高而發愁不是嗎？導致離職的原因就是員工不夠了解公司理念和人際關係問題。TAM是我們公司創業的契機，這個理由夠正當了吧？」

「對耶！」

「不如這樣吧，由主管帶幾名下屬去如何？跳脫一般的研修模式，就像一起去郊遊一樣。人力資源部好像也在策劃新的研修方式喔！」

「謝謝你！我馬上去問問看！」

說完，我馬上衝向人力資源部。

「如此這般……這次的內部研修，要不要就辦在TAM呢？」

我向人力資源部說明了一番後，負責育才的主管回覆道：「感覺很棒呢！我們正好在策劃新的研修方式，我會跟內部討論看看。」

「謝謝您！！」

我好高興，只差沒有握拳喊出ＹＥＳ！

✖

「汪德佛！」

我與健狗一起分食最愛吃的牛肉條，開起了小型慶功宴。

「這都是健狗哥你的功勞。」

「哇哈哈！是滴沒錯！盡情稱讚我吧！」

「你真的太厲害了！超強！」

「哇哈哈哈！說得太對了！」

見健狗一臉暗爽，我決定提出一個占據我心中很久的疑問。

「老實說，有個問題困惑我很久了，為什麼你對我這麼好呢？」

「你說什麼？」

「就是……健狗哥你……為什麼要對我這種凡人這麼好呢？」

「因為我看到你，就像看到以前的我。」

「以前的你跟我很像嗎？」

「是滴，你不覺得自己很像痴痴等待主人回來的忠犬八公嗎？」

我思考了一下，我那全心全意相信一個人的心態，確實很像忠犬八公。

「呃……是沒錯。這麼說來，我們是同病相憐囉？」

「喂，少在那邊得寸進尺喔！」

「對不起！」

我們不約而同地笑了。

「聽好了，其實你有一個強大的天賦，而且是凡人所沒有的特殊才能。」

「咦……？你說我？」

「是滴。或許一時之間有些難以置信，但你總有一天會明白的。我就是看中你這個天賦，才決定在你身上賭一把。」

獨一無二的天賦??像我這種魯蛇，真的有可能嗎？

健狗繼續說：「這份天賦是足以讓你成為『共鳴之神』的素養。先不說這個了，你這小子，偶爾也該帶我去散散步吧？」

「呃，對不起。」

於是，我帶著健狗到附近的公園散步。追著網球跑的健狗，看上去就是一隻普通的狗。看著看著，我的心中不禁充滿了疑惑。

我有特殊才能？而且還能變成「共鳴之神」？

這究竟是怎麼一回事啊……？

✕

「沒問題的話就開始開會吧。」

隨著司儀的開場白，會議就此開始。

「請人力資源部發言。」

「好的。目前人力資源部正在籌備下一期的研修內容。」人力資源部的經理回應道。

這天開的是預算會議，我滿心歡喜地期待這一天的到來。為什麼呢？因為這天原本要通過我的提案。

然而，接下來經理卻說：「明年的研修內容預計跟今年一樣。」

有那麼一瞬間，我懷疑自己聽錯了。人力資源部臨時變更了提案內容，跟原本說好的完全不一樣。

「意思是研修內容維持不變是嗎？」

「是的。」

會議一結束，我馬上叫住人力資源部經理。

「請問這是怎麼一回事？」

「喔，是青野啊……抱歉，這是上面的決策。」

「上面的決策？」

「對。你知道公司從下一季開始，要將整間公司的預算管理系統改為計畫型預算嗎？」

「計畫型預算？」

一問之下才知道，公司在財務長神笑秀一的號召下，開始推動「成本中心盈利組織計畫」。

簡單來說，就是將「成本中心（使用經費，營收較落後的部門）」轉型為「利潤中心（負責營收和盈利的部門）」。

所謂的「計畫型預算管理」，以人力資源部為例，每筆錄用成本、培育費用，公司都會給出「案件編號」，並要求這些支出一定要對公司營收有所助益。

「真的很抱歉，青野。你的提案真的很有意思，但每個事業部門都不想把預算花在你的提案上。」人力資源部經理說。

「為什麼呢？」

「因為比起錄用、研修，像你這種以『培養企業文化』為目的的企劃案，比較難看出效果。」

他的意思是，公司改採計畫型預算管理制度後，無論是培育計畫跟業務研修，都必須跟盈利有「明顯的關聯」。聽到這裡，我沮喪地垂下肩膀。

「這、這樣啊……您難道不能想想辦法嗎？」

「青野，你這是強人所難。」

「可是您之前已經答應我了啊！」

「是沒錯，可是上面突然改變方針，我也無可奈何啊。」

「突然改變方針？」

「對啊，公司從以前就預備砍掉不必要的成本，所以一直有在討論是否要改為計畫型預算，但最近突然強行推動。」

「怎麼會這樣……為什麼他們要這麼急？」

「我也不知道。但這個案子是由神笑財務長親自主導的，我想……應該有什麼目的吧？」

「目的？」

「是啊。有傳聞說，神笑先生對下一任總經理大位是勢在必得。上納安娜雖然是天才，卻不擅處理數字。神笑先生為了讓自己占上風，才急著在公司強行建立『管理型文化』。」

「天吶……這是真的嗎？」

「我也不知道。神笑先生是一路努力過來的人，或許他非常嫉妒上納安娜這種天才型人物吧。」

「我們真的無計可施了嗎？」

「嗯……如果你能找到願意協助你的事業部門，當然是另當別論。只是，你必須找到願意撥出預算的事業部長。」

「願意撥出預算的事業部長……」

秀才對天才抱持的雙面情感

「搞什麼鬼啊?!連個預算都不給通過，這些上班族也太丟臉了吧！」

回到家把來龍去脈告訴健狗後，牠劈頭就這麼罵道。

「但是我還沒有放棄。」

「很好。可是呢，這次神笑秀一的行動隱含了兩個根深柢固的問題，具有兩種意義。第一是『秀才內心深處的妒意』。聽好了，對天才而言，秀才是非常兩極的存在，他們不是成為天才的左右手，就是成為天才的勁敵；不是對天才鼎力扶持，就是對天才百般阻礙。」

「秀才不是天才的左右手，就是天才的勁敵……」

「凡人對天才只有『喜歡』或『討厭』這種單純的感覺，但秀才不同。秀才對天才抱持著『既嚮往又嫉妒』的雙面情感。他們崇拜天才、尊敬天才，卻又憎恨天才，覺得天才很礙眼。因為如果這個世界上沒有天才，站在頂點傲視萬物的絕對是秀才。」

這段話讓我想起了神笑秀一。如果公司裡沒有上納安娜，下一任總經理非他莫屬。

「原來是這樣啊……可是，也有秀才成為天才的左右手對不對？兩者的差別在哪呢？」

「自卑感。」

「自卑感?」

「是滴，關鍵在於秀才過不過得了自卑感這一關。能夠克服自卑感的秀才，就能成為天才的左右手和參謀，一起成就偉大事業。相反的，自卑的秀才則可能成為『無聲殺手』，默默殺死天才。」

「無、無聲殺手……?」

無聲殺手：

濫用科學「高超說明能力」的秀才。無須直接動手，只要操控制度系統、規則，就能扼殺組織的「創造力」與「共鳴力」。

健狗繼續說道：「是滴。說白一點，秀才的影響力非常大，大到足以決定組織的命運。一個組織若沒有秀才的協助，是無法壯大規模的。為什麼呢?因為天才不懂如何重現，凡人（普通人）跟不上天才的腳步，秀才擁有卓越的能力，所以還勉強跟得上。也因為這個原因，秀才理應成為組織的催化劑，在組織裡發揮重現的力量。」

「你的意思是，無論是什麼形式……每個組織都需要『秀才』是嗎？」

「問得好。就結論而言，重點在於秀才的價值對組織是『優質科學』還是『惡質科學』。」

？？？我的頭上頓時冒出好幾個問號。

「惡質科學是扼殺『藝術與製造』的劊子手。」健狗又說。

扼殺藝術與製造的劊子手……？

✖

「之前我不是跟你說過嗎？經營的三大要素是藝術、科學和製造。」

「對。」

「科學的可解釋程度遠勝於藝術和製造，而無聲殺手型的秀才，會透過『無意義的數據』和『管理』來剝奪藝術和製造的力量。」

「無意義的數據？管理？」

「是滴。舉例來說，數據分析界有個知名小故事。某個數據分析團隊在研究網路廣告的效果，調查什麼樣的圖片能吸引網友點進去看、哪些不能，也就是所謂的A／B測試（A/B Testing）。」

「測試廣告效果……」

「是滴。然後呢，一個年輕研究員突然高聲喊道：『我有一個重大發現！』其他研究員聞聲，紛紛聚集過來，興致勃勃地問他發現了什麼。只見該研究員自信滿滿地說：

『我發現美女圖的點擊率遠超過文字圖！』」

「……美女圖的點擊率比文字圖高……」

「對。」

「呃……這不是理所當然的嗎？」

「是啊，是理所當然。」

「是吧……這個道理連我都知道。」

「沒錯。這個道理人人都懂，根本不需要分析數據。可是，該名年輕研究員卻自信滿滿地說出這個『大發現』，你知道為什麼嗎？這就是所謂的科學陷阱。」

「……他迷失了目的？」

「很接近了。科學可怕的地方就在於將『做科學本身』做為目的，很多二流研究員都將『研究』做為研究目的，這個年輕研究員就是典型的例子。」

「原來如此。」

「當做科學成為目的，組織裡的藝術和製造就會在短時間內死亡，因為可解釋程度差太多了。這也是『惡質科學』足以殺害藝術和製造的原因。」

好有趣喔……

我的腦中又浮現出新的疑問。

「有件事我很好奇，那名研究員應該沒有惡意吧？惡質科學和優質科學的關鍵差異在哪裡呢？」

「關鍵在於對『失敗』抱持的態度。」

「失敗？？」

「是滴。說得具體一點，就是『為了允許失敗才使用科學』，還是『為了不失敗才使用科學』。」

科學是什麼？

「要搞清楚這一點，你必須先了解什麼是科學。世界上第一間將『科學』引進經營的公司，是美國的福特公司（Ford）。」

「福特……福特汽車公司嗎？」

「是滴。福特的案例非常有名，他們將汽車製作科學化，定量每個流程步驟，營收也因此一飛沖天。其他行業見狀，也紛紛引進『科學式管理法』，之後開始出現管理顧問公司，經營界也因此吹起了一股科學風潮，現在就連運動界也都是以科學為基礎進行管理。」

「聽起來還不錯啊。」

「當然，可是呢，科學家也有分一流科學家和三流科學家。再加上，『經營科學』

本就講求高度素養，要有『資格』才能使用。」

「你的意思是，唯有頂尖的秀才才能使用科學？」

「是滴。經營科學在過度發展後，報章雜誌、網路上充斥著管理、ＫＰＩ等詞彙，幾乎所有公司都對這些詞彙朗朗上口。偽科學將使人不幸，科學若用錯方法將摧毀整個組織，而無聲殺手往往將『科學』導向錯誤方向。」

「錯誤方向……那要怎麼做才能避免這種情形呢？」

「重點在於莫忘『科學』原本的價值。」

「科學原本的價值……？」

「你懂我意思嗎？」

「不懂……」

「首先，科學的其中一個條件是『可以檢證的』，可以追溯檢核『對錯』。但這僅僅是科學的其中一面，也就是ＰＤＣＡ（Plan, Do ,Check, Action／計畫、執行、檢核、處理）中的『Ｃ（檢核）』。」

我試著思考了一下，科學本來的價值？
好難喔，搞不懂。
健狗再度開口。
「簡單來說就是『出錯』，科學的好處就在於『可以出錯』。」
「出錯……？」

科學的好處在於可以失敗

「什麼意思啊？」
「『科學家』本來就是失敗連連，一千次中只要一次沒有失敗就是大成功，成功率低到不行，你懂嗎？」
「確實如此……以前一個在理科研究室念書的朋友也這麼說過。」
「是滴。科學家在經歷無數次失敗後，發現『好像是這麼一回事的真相』。我們再透過求學、閱讀，獲得這些『好像是這麼一回事的真相』。」

「……被你這麼一說，好像是吔。」

「也就是說，你在書上一分鐘就讀完的那些『好像是這麼一回事的真相』，都是歷經無數次失敗才有的發現。問題是，一般人根本不會注意到這件事。」

「我就完全沒想過。」

「這就是整件事危險的地方。『秀才』在課本上學到這些表面上的成功後，便以為自己可以將科學運用自如，因為他們從未經過『無數次的失敗』。當這些沒失敗過的秀才站上組織的最高點、揮舞著科學的旗幟，天才就會遭到扼殺。一位全球知名科學家曾說：『科學的好處就在於可以失敗。』」

此時此刻的我，彷彿在學校聽課的學生一般。

「這樣的話，萬惡的根源就是……」

「那些誤解科學的人對科學的濫用。」

聽到這裡，我腦中第一個浮現的還是神笑秀一。

「確實如此……我們公司高層突然推動計畫型預算管理。」

「是啊，那傢伙或許就是你們公司裡的『無聲殺手』。」

揪出公司裡的「無聲殺手」

隔天，我去向「最強執行人」——橫田請益。

聽完整件事的來龍去脈後，橫田說：「聽你這麼說……確實有可能是神笑先生從中作梗。」

「當然我不能確定，但如果神笑先生是為了將上納安娜趕出公司，這幾年才刻意加強公司的科學要素，那麼一切就說得通了。」

「是嗎？」

「你還記得嗎？公司什麼時候改掉會計管理準則的？不就是三年前嗎？也是從那時開始，安娜的事業虧損突然變得很明顯。」

「確實如此，當初我看到赤字時，還以為是哪裡搞錯了。」

「是啊，那時我們都大吃一驚，因為安娜的新事業一直給人經營得還不錯的印象，沒想到攤開一看竟然虧損至此。」

「嗯……」

「說不定，當初上層突然改掉會計管理準則，就是一場周密的謀劃，目的是讓安娜跌落神壇。」我停頓了一下又說：「如果真是這樣，我們可不能坐視不管！」

「等等，青野，這一切不過是你的猜測而已。要確定真偽，還得向財務那邊詢問當初為何要更改準則。但不知道他肯不肯告訴你就是了……」

「走！」話還來不及說完，我便迫不及待地起身，「你可以陪我去會計財務部嗎？」

「咦？我陪你去？」

「對。」

「呃……可是我不太擅長應付上山部長吔，該怎麼說呢……他太『外資企業』了。」

「先謝過你了！」

「唉，真是的……」

變更會計基準

當時推動會計基準計畫的是財務長神笑秀一，以及他的下屬——會計財務部長上山先生。

「你們來找我幹嘛？我很忙，長話短說。」

上山推了一下眼鏡。

「唉呀，真的很不好意思，百忙之中打擾您……」橫田說完場面話後，立刻進入正題，「那我就長話短說了，可否請您撥出十分鐘的時間，告訴我們三年前公司為何要變更會計準則呢？」

橫田很懂得巧妙運用理性與感性，配合對方改變說話節奏，但上山部長並未因此放軟態度。

「為什麼？你們要幹嘛？」

「有兩個原因，一是我們想要進一步強化團隊的預算管理，所以才來向您請益。」

「……你的團隊？」

「是的。二是因為我們幾個有志之士打算開讀書會，學習公司整體的預算管理制度，所以想要了解一下。」

不愧是橫田，這麼一來，我們就可以肆無忌憚地打探了。

「原來是這樣……你想知道什麼？」

「第一個想請問，三年前公司為什麼要變更會計基準呢？」

「這個我不是在公司說明過很多次了嗎？你都沒在聽嗎？」

「我有聽，只是資質愚鈍，聽不懂。」

「……真是的，這份資料給你，一邊看去！」

上山說完，把一份寫有變更原因的資料丟到我們面前。橫田曾待過經營企劃部門，所以對數字很有概念。

橫田看了一下資料說：「喔，原來是這麼一回事。我可以請教一個問題嗎？」

「什麼問題？有話快說！」

「我對這個地方有些好奇……」

橫田指著其中一頁，上面寫著「明確規定新事業之撤退基準」。

「怎樣？好奇什麼？」

「這上面寫說事業的盈利以單項制判斷，這也是這次『計畫型預算管理』的基礎思維對吧？」

「是，你有意見嗎？」

「這個制度本身很好沒錯，但把新事業跟舊有事業一概而論，感覺在新事業的撤退基準上有些苛刻呢。」

「會嗎？同一家公司的事業當然要一概而論！」

「可是，新事業有可能在將人事費用算進去的情況下，在兩年內轉虧為盈嗎？應該做不到吧？」

上山微微動了一下，他挑起眉毛，看起來若有所思。

「雖然在您面前這麼說是在關公面前耍大刀，但是，新事業剛起步時基本上都很缺錢，也沒辦法給員工太高的薪水，所以必須設法降低銷售管理費用。」

見上山沒有回話，橫田繼續說：「可是，這套會計基準把人事費用百分之百算進去了，在這種條件下要轉虧為盈幾乎是不可能……」

「怎麼？你有什麼不滿嗎？」
「不不不……當然沒有，怎麼會呢。」
上山驟然起身，說道：「說完了沒？我很忙。」
豈能讓他就這麼逃走？我下意識地抓住他的手腕。
「不行，請告訴我們實話。」我將全身的力氣集中在手掌上，「請你坐下。」
上山一臉吃驚，睜大眼睛看著跟平常判若兩人的我。
等上山坐下後，橫田說：「我想財務不可能沒注意到這一點，所以有點好奇為什麼你們會這麼做。」
「……」
「這點程度的道理，上山先生您不可能不知道。」
上山一臉心不甘情不願地回答道：「……我們是故意的，故意把會計基準設計成這樣，讓新事業看起來賺不了錢。」
「故意的……??」

「你們兩個應該沒有在錄音吧？」上山問。

「當然沒有。」我說。

「你們想的沒錯，以現在這套會計基準，新事業是無法在兩年內轉虧為盈的。當然也不是完全不可能就是了。」

聽到這裡，我的心中燃起熊熊怒火。

「為什麼？你們為什麼要做這種事？開創新事業不是公司的經營方針嗎？」

「青野，那是『總經理』的經營方針吧？」

「對！你們為什麼要扯後腿？」

「因為上納安娜在扯公司後腿。」

「你說什麼？」

「什麼我說什麼？青野，我是真心這麼想的。這不是我個人的偏見，而是為了整個公司。」

「聽不懂……我聽不懂啦！」

「現在公司需要的已經不是上納安娜，而是神笑秀一。我們公司已經大眾化了，規模太大了，超凡式的經營時代已經結束了。」

「上山先生，你到底在說什麼？她的時代還沒結束，她還有熱情和才幹，可以在商場上發光發熱。」

「所以才必須阻止這一切。你都沒在看新聞節目嗎？超凡創業者的下場是什麼？這些人一旦到了晚年，眼光和才幹就會大不如前，成為公司裡的『老人公害』。這種例子比比皆是，最後苦的是誰？還不是你跟我這些底層員工。」

「……你、你好狠。」

「我完全不覺得自己有錯，而且這一切都有經過神笑先生的同意。」

「你、你們……真的是為了讓新事業看起來嚴重虧損、想要讓新事業垮臺，才故意變更會計基準的嗎？」

「千真萬確，你問幾次都一樣。」

上山先生的聲音很是凝重，他頓了一下再度開口：「沒錯，是我殺死了天才。」

「沒錯，是我殺死了天才。」

我們已經不需要天才了

那晚的回家路上，我心想：「我工作到底是為了什麼？」

我回想起公司剛創立的時候，那時安娜年紀還輕，是個才華洋溢、野心勃勃、充滿魅力的天才創業家。

然而隨著時光飛逝，公司的規模逐漸壯大，就事實而言，這間公司已經不是她一個人的公司了。

即便如此，我還是只能相信她的才能。倘若失去了她，我的內心恐怕會變得空虛無比。

「喂，青野。」

橫田來到我的身後。

彷彿在鼓勵我似的，他拍了一下我的背說：「走！一起去吃晚餐吧！」

我們來到附近的一家餐廳，自從開始上班後，我來過這家餐廳好幾次。這家餐廳專賣套餐，招牌菜是馬鈴薯沙拉。

「今天的衝擊好大啊。」

「是啊……」

「青野，雖然這麼說對你很抱歉，但老實說，我覺得上山先生說的也不是沒有道理。」

「是嗎？」

「是啊。如果，我是說如果，如果沒有神笑先生，安娜或許是最好的總經理人選，畢竟沒有其他可以勝任的人了。

但是，現在公司裡有神笑先生，他聰明又努力，或許比較符合公司現在的需求。」

「嗯……我懂。可是，這間公司是她創立的，從零開始一手創立的。現在一腳把她踢開，未免也太殘忍了。」

「嗯……確實如此。神笑先生是空降部隊，他是在公司步上軌道後，才進來當幹部的，在公司也才待了四年。」

「我已經分不清楚是非對錯了。」

圖 16：了解「天賦奧秘」的第二階段

第一階段	了解自己的天賦，並加以活用	
第二階段	了解相反天賦的力學，並加以活用	←現在已過關
第三階段	選擇武器，排除極限	

我將手中的威士忌蘇打調酒一飲而盡。

「嗯……我覺得重點不在這裡。」

「？」

「重點在於安娜自己的想法，也就是她是怎麼想的。你支持的不是我們公司，而是上納安娜對吧？」

「當然。」

「既然如此，她『真正的想法』才是最重要的不是嗎？」

她真正的想法……可是，上納安娜現在有想法嗎？

第3階段

選擇武器戰鬥吧！

天才的黑暗面

回到家後，健狗看到我劈頭就問：「你怎麼那麼沒精神？從來沒看你這樣過。」

「這也是沒辦法的事啊……如果是你遇到這種狀況，會有精神嗎？」

「那當然！因為我精神汪汪來！開玩笑的啦。」

「……我要回家了。」

「這不就你家？」

「……好像是吼。」

「這個梗之前玩過了啦！你就這樣算了嗎？不用去公司給他們好看嗎？」

「可是他們說的也是事實……」

隨著一個悶聲傳來，我突然感到一陣劇痛。

「痛痛痛痛！好痛！你在做什麼啦！！」

「好吃的大腿不咬嗎？」

「咦？咦？什麼？」

我這才發現，健狗咬了我的右大腿一口。痛覺讓我的體內充滿了腎上腺素，我感到心跳加速，血壓暴升。

「這樣就有精神了吧？看你滿面紅光。」

「什麼滿面紅光，是滿腿是血啦！」

「很好很好！這樣你才有活著的感覺。」

我脫下留有齒痕的褲子，急忙幫大腿止血。健狗居然還在一旁哈哈大笑，這隻狗真的很沒人性……

「我告訴你一件事，你終於要學會『天賦的奧秘』了。」

「天賦的奧秘？」

「對。聽好了，你想要支持『有才之人』對吧？一直以來你都有這個想法嗎？」

「是的。」

「你現在對『天才』比較有概念了，為了進一步了解天才，你必須知道天才也有不是這麼光明的一面，也就是『天才的黑暗面』。」

「天才的黑暗面？」

「是滴。你有沒有想過，天才對世間做出這麼多貢獻，飽受世人讚譽，為什麼還要自殺呢？這是因為，他們過不了『內心的絕望』這一關。」

「內心的絕望？」

「是滴。有些天才走上絕路，有些天才卻能過上幸福的一生，兩者為何會有這麼大的差別？你不覺得很好奇嗎？」

絕望而死的天才、幸福而生的天才。

對吔，為什麼會有這麼大的差別？

「差別在於他們身邊有沒有『共鳴之神』。」

「共鳴之神？」

圖 17：在身邊支持天才的「共鳴之神」

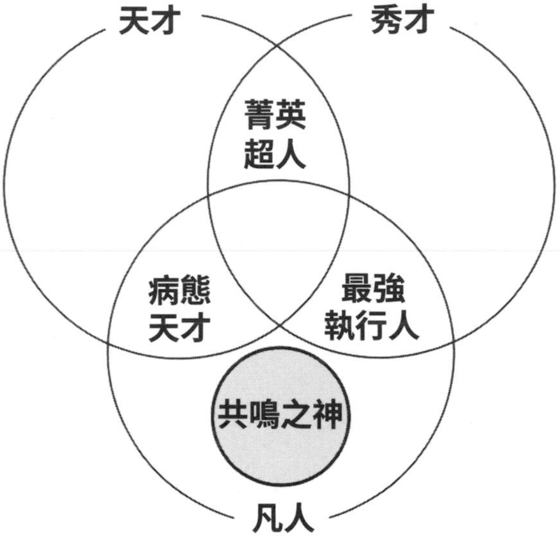

「是滴。『共鳴之神』是指『共鳴性極高，能看出誰是天才』的凡人（圖17）。他們很懂得在人際關係中察言觀色，能從關係圖中看出誰是天才、誰是秀才，也能理解天才的想法。跟太宰治一起殉情的女人就是典型的例子。」

「跟太宰治一起殉情的女人……」

「很多天才因為不被世人理解而走上絕路。如果有『共鳴之神』的理解與支持，天才就有力氣繼續活在世間。共鳴之神是人際關係中的天才，所以才能成為天才的支柱。」

「人際關係中的天才……？」

「這其實是從『人格力』來看『世界進步機制』而得到的結果。」

「讓世界進步的人格力……？」

共鳴之神＝中年喬王

「有次我跟一位『超超超超大企業』的高層聊天，過程中我發現一件有趣的事。那就是大企業要創新必須有兩種人，一是『年輕才子』，二是『中年喬王』。」

「你的意思是……天才跟共鳴之神？」

「是滴。大家都知道，『喬事情』對大企業而言是非常重要的。每次要推陳出新時，都必須有人到各部門商量調和。」

「真的很重要，我們公司也是。」

「很重要，可是天才做不到。他們擁有『創造力』，卻不太會『重現』與『共鳴』，所以很難說服一般人。也因為這個原因，天才很需要『願意在背後支持年輕才子的人』，也就是所謂的『共鳴之神』。」

這番話讓我忘卻了大腿的疼痛，我從來沒聽過這個說法。

健狗道：「天才在共鳴之神的輔佐下才能好好創作，再由菁英超人和秀才將『重現力』帶入其作品中，然後由最強執行人引發大眾『共鳴』，讓世界不斷前進。這套流程就是從人格力發展出的『世界進步機制』。」

「相信」的力量

「你的意思是……我是上納安娜身邊的共鳴之神？」

「不是。說得準確一點，還不是。之前的你只是一介『凡人』，但現在你已經了解什麼是天才的黑暗面，也明白了秀才對天才所抱持的雙面情感，知道凡人是用什麼方式殺死天才。也就是說，你已經學會了『人格力學』。」

「確實是這樣……我以前實在不懂為什麼秀才明明這麼崇拜天才，卻又對他們恨之入骨。」

「再加上，你擁有成為『共鳴之神』的最重要特質，又或是說特殊才能，那就是『相信』。你願意相信他人的天賦，不輕易放棄。」

我想起健狗以前曾跟我說過：「其實你有一個強大的天賦，總有一天你會明白的。」健狗繼續道：「聽好了，現在就是你獲取『最強武器』的大好時機。」

自我話語＝最強武器

「可是我只是個凡人，沒有才華可言。」

「沒那回事。聽好了，凡人最強的武器是『話語』，其中又以『自我話語』最為強大。」

「自我話語？」

「是滴。人的話語中混雜著很多虛言。所謂的虛言，就是借用別人的話，而非自己的話。」

借用別人的話？

什麼意思啊？

「用嬰兒來舉例應該會比較好懂。你想想，嬰兒會說哪些話？」

「媽媽、不要，又或是食物的名稱吧？」

「這些就是『自我話語』，因為這些話都是出自想做什麼的慾望，又或是本能上的心情或感覺，只是偶然被貼上了話語的標籤。像是想摸媽媽、想吃飯、我不喜歡、我想要那個……等等。」

「這些話確實都出自心情或感覺。」

「是滴。反觀大人說的話，絕大部分都是『別人創造出來的話語』。像是盈利、公司、市場……這些都是本來世上沒有的情緒。公司、組織、國家都是『幻想』創造出來的『便利詞彙』。」

「便利詞彙……可是這個世界需要這些詞彙不是嗎？」

「當然需要。有了自我話語和便利詞彙後，社會才開始運轉。但是，便利詞彙是無法打動人心的，唯有推心置腹的話語才足以動人心弦。『便利詞彙』是秀才的武器，『自我話語』則是凡人的武器。要比喻的話，就是只有凡人才能拔起的王者之劍。」

「自我話語」——我從來沒想過，這世上居然有凡人才能使用的最強武器。

健狗繼續說：「聽好了，你要改用『自我話語』，不要再借用別人的話了，拿起屬於你自己的最強武器！唯有如此，才能讓你的天賦開花結果。」

屬於我自己的最強武器……？

先排除他人，後坦誠自我

健狗說的這些話很有趣，但我還沒完全抓到要領。

「可是……我要怎麼取得最強武器？」

「凡人要得到最強武器，必須經過兩個步驟。一是『排除他人』，將日常生活中那些他人的詞彙完全排除；二是『坦誠自我』。」

「坦誠自我？」

凡人取得最強武器的兩種方法

一、排除他人（的詞彙）。

二、坦誠自我。

「人類在成長的過程中，在自己身上裝了各式各樣的鎧甲，像是艱難的商務框架、經營用詞、用來裝腔作勢的概念……等。你要取得最強武器，首要之務就是工作時完全不使用他人的詞彙，只用自己的話來闡述，這代表KPI、狀態管理、數據、公司治理……都將成為禁語。」

工作時完全不使用他人詞彙……我從來沒想過做這種事。只要這樣做……真的就能拿到屬於我的最強武器嗎？

「經營、盈利之類的詞也不行嗎？」

「不行，你這不是廢話嗎？沒辦法確定時，就用『小學生會不會使用』來判斷。小學生也勉強會用的詞彙就可以，其他都不行。」

「你的意思……我工作時只能用小學生程度的詞彙？」

「是滴。這麼一來你會發現，商務人士平常完全將『自我話語』拋諸腦後。你只要表現出最真誠的自己，向他人展現未經偽裝的自己，就一定能打動人心，順利翻面黑白棋！」

雖然我聽得一頭霧水，但我會努力踏出第一步，找回自己的話語……

「我們」該做什麼？

那天之後，我開始注意自己和周遭人的用詞。

健狗說的沒錯，公司裡的人說的幾乎都是「他人詞彙」，今天的會議就是如此。

「現在開始確認數字ＫＰＩ的進展情形，首先請營業部報告預算狀況。」

上山會計財務部長此言一出，營業部經理立刻開始報告。

「營業額的預算目前只達到百分之九十，尚未達標。我們研判，這是因為內部未將有利資訊完全分享出來，所以才會進入瓶頸期。」

「什麼意思？」

「每間分店的工作方式不一，無法橫向展開成功事例，導致每間分店的營業額出現偏差。」

仔細想想，我們在公事上使用的詞彙都是跟他人借來的。

雖說這些都是必需的詞彙，但都不是足以「動人心弦」的話語。

隨著會議的進行，輪到我發言了。

「換公關部報告狀況。」上山說。

「好的，公關、公關部……」

我突然想起健狗說的話。總覺得……「公關」這個詞好像也是跟他人借來的詞彙。

小學生會說「公關」嗎？他們會怎麼說？

雖然這樣好像有點蠢，但若不這麼做，就無法有所改變。我只能相信健狗的話，絞盡腦汁思考……

是「我們」。

小學生會說「我們」，而不是「公關部」。

上山一臉不耐煩。

「我……我們的進展狀況……對於目標……」

我再次停了下來。進展狀況？目標？這真的是我自己的話嗎？不是。

上山嘆了一口氣，露出非常不爽的表情。

「喂！青野，你是身體不舒服嗎？不舒服就回家休息！」

其他人噗哧地笑了出來。

要是以前的我遇到這種狀況，早就低頭道歉了。可是我得有所改變，被笑被罵也沒關係。我絞盡腦汁在尋找詞彙，小學生應該會說「我們現在在做什麼」，告訴對方自己現在在做什麼、之後要怎麼做。

我放下手上的小抄，說道：「藝術博物館是我們的廟會活動。」

「嗯？」

會議室的空氣瞬間凝結，大家紛紛抬起頭來。

「廟會活動？你在說什麼啊？青野。」上山說。

「廟會活動是很好玩的。讓人滿心期待、興奮不已。為什麼呢？因為廟會活動充滿了人們喜歡的事物。」

「蛤？你……」

我不管他繼續說。

「為什麼廟會活動這麼好玩呢？因為裡面有人，有好玩的攤販，有舞蹈和音樂表演，充滿了人們喜愛的事物，所以來的人才會玩得很開心、覺得明年還要來。我認為這種開心和興奮跟去藝術博物館的心情是一樣的。可是，為什麼大家只去藝術博物館『一次』，卻『每年』都去廟會活動呢？」

在場所有人都看著我。

「我發現，關鍵在於『可以參與其中』和『廟會結束後』。」

原本心不在焉的企劃部經理，突然伸長了脖子問我：「你的意思是參與感和餘韻嗎？」

我回答：「沒錯，廟會是可以參與的。大家穿著浴衣、一起跳舞，成為廟會的一部分，又或是一起進行事前準備。可是，藝術博物館卻是看看就走了。」

「青野，你夠了喔！不准再說無關緊要的事！」

上山說到一半，卻被企劃部經理打斷。

「不會啊，我覺得很有趣。青野，你繼續說。」

「謝謝。另一個是餘韻，小時候廟會活動結束後，我總會看著安靜而落寞的會場心想：『唉，廟會的季節結束了……再來就要等明年了。』」

「嗯！我懂這種感覺！」

「而且，這種心情會一直持續到回家之後，因為我在廟會上買了『紀念品』，像是跟小攤販買的不知名發光玩具、撈回來的金魚……等。旅行也是一樣。」

我愈說愈起勁。

「紀念品能延長旅行的有效期限。回家後看到紀念品，又或是在吃當地帶回的名產時，就會想起『那個時候的那個地方』。送紀念品給別人也是一個『回憶旅行的契機』，還可以跟對方分享旅程中的點點滴滴。這就是紀念品能延長有效期限的原因。」

我能感受到在場人的情緒高漲。剛才還把我當白痴的那些人，如今都全神貫注地聽我說話。

「真的是這樣吔。我的小孩去參加廟會活動，都會帶回來一些莫名其妙的玩具。

每次看到那些玩具我都會想起自己的童年回憶。」一個有小孩的同事說。

「喔，我懂我懂！」又一個黑白棋翻面了。

我繼續說：「所以我認為，讓藝術博物館死灰復燃的關鍵有兩個，一是讓大家參與其中，二是用紀念品延長有效期限。」

「原來如此！」企劃部經理說。

×

會議結束後，企劃部經理主動來找我。

「青野，你今天報告的內容超有趣的！感覺好像被上納安娜附身似的，令人聽完振奮不已！你已經想好具體做法了嗎？」

「不……很抱歉，我還沒想好。」

「那你要不要跟我們部門一起策劃？」

「咦？我？可以嗎？」

「當然可以！其實啊，我當初也是因為崇拜上納安娜才加入這家公司的。如果她就這樣離開公司，實在很可惜。」

「這樣啊……」

我的內心好激動。

這大概是我人生第一次用自己的話打動別人。一想到這裡，我就感動不已。

「謝、謝謝你……那就拜託你們幫忙了。」

「當然沒問題。事不宜遲，我們趕快擬案，趕在下週的高層會議提出！」

「咦？高層會議？」

「是的。請你在這週內寫好企劃書，先向我們部門提案，可以嗎？」

「麻煩你了！！」

老實說，我不知道自己到底哪個環節做對了。但我知道，如果我今天維持以前那樣的報告方式，是絕對不會發生這種奇蹟的！這讓我想起健狗說過的一段話——

「你知道為什麼人要借用他人的詞彙嗎？」

「我不知道……為什麼？」

「因為很輕鬆，而且是非常輕鬆。使用他人的詞彙很方便，因為主詞不是自己，不需要什麼想法，若出了什麼問題，還可以把責任完全推卸到別人身上。當然這麼做並非壞事，這是人為了求生存而培養出來的技術。但是，這些詞彙是無法打動人心的，所以才要使用自我話語。」

「他人詞彙無法打動人心……」

「是滴，能打動人心的只有『自我話語』。要改用自我話語並不簡單，但對現在的你而言卻是必要之務。」

確實不簡單，但我一定要這麼做！我能感覺到，自己的內心正在不斷改變。

武器與阻礙

回到家後，健狗跟我說：「至今你學到了很多東西，今天我要跟你談談『武器』

和『阻礙』。」

「武器和阻礙……？」

「是滴，每種天賦都要配合適當的『武器』才能成立。」

•天賦×武器

「任何天賦若缺少用來呈現的『武器』，就無法向世間展現。比方說，畫家的武器是畫筆，音樂家的武器是樂器。每個高手行家都擁有屬於自己的『最佳武器』。」

「最佳武器……」

「所謂的武器，指的是最能表現自我天賦的『方法』。天賦必須先成型，有了『媒介』後才能夠傳達給別人。無論你擁有何種才能，都必須鍛鍊自己的武器。沒有人生下來就會彈鋼琴吧？我要說的就是這個道理。」

「我懂了……」

「三種天賦有各自配合的武器——」

適合創造力的武器：藝術、創業、工程、文學、音樂、娛樂。
適合重現力的武器：科學、組織、規則、管理、數字、編輯、書面文件、法律。
適合共鳴力的武器：話語、行銷、社群網站、照片、對話、地區。

「了解這些『武器』後，就可以配合狀況來選用『武器』。比方說，要發揮創造力就選『藝術』，要發揮重現力就選『數字』……之類的。」

天賦與武器＝世間得以明白的成果

「原來是這樣……」

「有些早熟的天才，能夠很快找到『適合自己的武器』。無論你有多麼強大的天賦，若不鍛鍊適合自己的武器，世界就無法了解你的才能。這是理所當然且不可逆的道理。」

「我的武器就是『話語』對吧？」

「沒錯。而且除了武器，還有一個更重要的東西。」

比武器更重要的東西……？

每個人的身體裡都有一個天才

「你知道『俄羅斯娃娃』嗎？」

「俄羅斯娃娃？你是說玩具的俄羅斯娃娃嗎？」

「是滴，就是一層套一層的那種娃娃。你聽好了，理論都是『用最小說明最大』，用最簡單的方式做出大量的解釋，這是優質理論的必備條件。」

「你的意思是，也有例外囉……？」

「是滴。接下來我要說的『天才理論』就是個例外。這個理論的價值，在於讓人發現你的身體裡『有一個天才』（圖18）。」

「我的身體裡有一個天才……??」

「是滴，你的身體裡有一個天才。而且不只天才，你的身體裡還有『足以殺死天才的秀才』跟『凡人』。那些苦惱自己缺乏創造力的人，絕大多數都是在受教育的過程中殺死了自己身體裡的天才。而這次，你成功幫自己排除了極限。」

「我排除了自己的極限……你是指我排除了『秀才型詞彙』這件事嗎？」

「是滴。人的天賦並非只有零或一百，用比例來說，就是並非『創造力：重現力：共鳴力＝10：0：0』，大多數人都是三種天賦各有一些，再依比例歸為『天才』、『秀才』或『凡人』。」

（例）

病態天才　創造力：邏輯：共鳴＝5：1：4

最強執行人　創造力：邏輯：共鳴＝1：6：3

菁英超人　創造力：邏輯：共鳴＝4：5：1

圖 18：每個人的身體裡都有一個天才

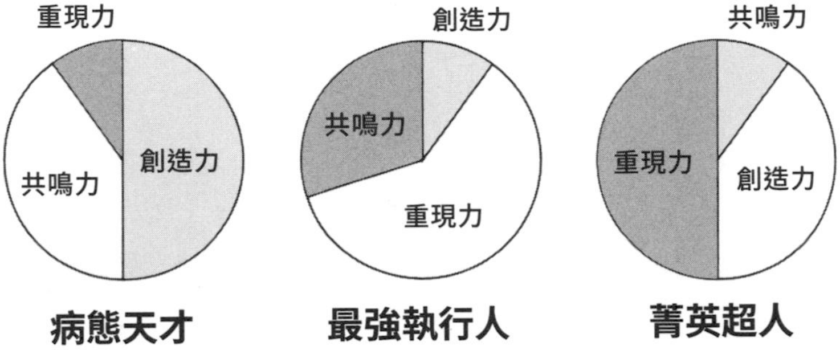

「也就是說，你也是有創造力的。」

「原來如此……」

「問題來了，為什麼世間的天才這麼少呢？就像我之前說的，這是因為『可解釋程度』的差異，導致天才的嫩芽遭到扼殺。」

健狗繼續說：「你有過這樣的經驗嗎？三更半夜突然想到一個有趣的點子，你特地筆記下來，想說明天到公司跟大家分享。然而，隔天起床再看一次後，卻覺得這個點子真是爛透了、昨晚的自己怎麼會這麼蠢？你覺得很丟臉，便刪掉筆記。」

「有，我有過類似經驗。有次我突發奇想，打算將某個靈感用在工作上，但一想到可能會被批評駁回，又或是以失敗告終，便打了退堂鼓。」

「是滴。為什麼會有這樣的轉變呢？是因為你的腦中依序出現了天才↓秀才↓凡人。『天才的你』想到一個很有創意的點子，接著『秀才的你』用社會基準和邏輯來判斷優劣，最後『凡人的你』經過一番感性的判斷後，覺得『很丟臉』、『害怕周遭人異樣的眼光』，因而決定放棄。」

仔細想想，這套流程確實是「創造力↓重現力↓共鳴力」。

「也就是說，天才是那些手握『適合自己的武器』且排除了『阻礙』的人。」

「可是……我還是不覺得自己具有創造力，昨天應該只是僥倖。」

「你是白痴嗎？我不是跟你說過嗎？有些人事物是『天才的阻礙』，你不是也聽懂了嗎？那你為什麼不肯相信自己身體裡的天才也受到了阻礙呢？是有什麼原因嗎？」

「該怎麼說呢……」

「應該沒有吧？」

「因為……在成長的過程中，不斷有人告訴我，這個社會上有『我絕對無法贏過的天才』。」

「你沒搞清楚狀況，這完全是兩回事。」

「兩回事？」

「是滴。這個世界上確實有天才中的天才，你無法在戰場上勝過他們，這是事實沒錯。但我們現在說的是『你的身體裡多多少少有天才』，這完全是兩回事。人習慣把重點放在『有沒有天賦』，但其實，若要活用天賦，在談天賦的有無以前，必須先去除掉『天賦的阻礙』。這是『做真正的自己』的方法。」

我腦中浮現出健狗說過的一句話——

「相信天賦、運用天賦的最大好處，就是讓你遇見前所未見的自己。」

看來，我終於搞懂了這句話的意義……

與健狗道別

那個週末我簡直拚上了老命。早上六點就起床，一路做資料做到深夜。但神奇的是，我一點都不覺得痛苦。

相反的，我做得非常開心，好久沒有像這樣熱中在工作上了。

高層會議的前一天，我準備完所有資料後，久違地帶著健狗到澀谷散步。八公的銅像消失了，現在大家稱呼那裡為「以前的八公銅像前」。

涼爽的夜風令人神清氣爽。

「我有件事要跟你說。」健狗開口道。

「什麼事？」

「我差不多該變回忠犬八公了。」

「變回忠犬八公？」

「是滴。」

「你的意思是，你要回去當銅像了？」

「是滴，沒錯。」

「我不要你回去……」

「可是沒辦法，我一定得回去。」

「為什麼……這也太突然了吧？」

「我的有薪假結束了。」
「什麼？」
「有薪假。」
「有薪假？」
「是滴，我把有薪假全部用光了，玩過頭了。」
這聽起來太荒謬了，我忍住各種吐槽的衝動。
健狗又說：「總之，我不能陪你太久了，你要做好心理準備。」
「……以後你還能來找我聊天吧？」
「不行，沒辦法，一個人只有一次機會。」
「不行？為什麼不行？」
「引爆天賦是一種巨大的力量，下一次就換你教別人了。學會運用天賦後，再將所學教給別人，世界就是這樣循環運作的。」
「換我教別人……？」
「你成長了很多，今後你必須獨當一面，運用自己的天賦。這是你的命運，也是

『共鳴之神』的職責。」

「可是……跟你分開我會很難過……」

「每個時代都一定會出現新的天賦，出現在澀谷、這座城市、這個國家、世界各處。一想到這些新的際遇，就令人滿心期待不是嗎？」

我低下頭。

一想到即將與健狗道別，我的心就好痛。

「我明白了……」

「你很沒精神吔，要我幫忙咬你一口嗎？」

「是、是不用啦。」

「那就給我中氣十足的回答！」

「是！是！我明白了！」

「嗯，很好！跟我一起衝回家吧！」

「衝啊!!」

出售事業

「我的報告到此結束。」

這天上班，我特地穿了一套比較正式的西裝。

這套西裝對我而言意義非凡，是公司的草創團隊在五年前合資送給我的生日禮物。

所有幹部都出席了高層會議，但令人驚訝的是，我竟然一點也不緊張。

聽完我的企劃提案後，上納安娜說：「參與感和紀念品是嗎？」

我回答：「是的，只要有了這兩樣東西，藝術博物館的生意一定能有所成長。」

「你的提案很有意思。可是，青野，有件事我還是得跟你說一下。」

「什麼事？」

「我們決定正式賣掉ＴＡＭ。」

「咦？」

我懷疑自己聽錯了。

「為……什麼要賣掉？」

「因為ＴＡＭ的主要贊助商Ａ公司已決定不再跟我們續約。」

說話的是財務長神笑秀一。

「我想你是知道的，博物館的營收來自門票、商品，以及贊助費用。我們的博物館之所以能在虧損的狀態下撐到現在，都是靠Ａ公司的贊助契約。」

「是的，我知道。」

「如果Ａ公司不再贊助我們，ＴＡＭ就會陷入鉅額虧損的泥沼中。公司不允許這樣的情況發生，所以這半年來我們一直巴著對方交涉談判，結果還是不如人意。」

「怎麼會這樣……也太突然了吧？」

「Ａ公司說要他們不撤資有一個條件，那就是『出售事業』。如果希望他們繼續贊助、解除倒閉危機，就必須把博物館賣掉。」

「咦？可是……這樣不就是強迫我們在賣掉和倒閉之間二選一嗎？」

「沒錯。這其實是大企業要收購小公司的常用手段，在資本主義世界裡是常有的事。」

他的意思是，大企業要收購小公司前，會有計畫性地逐年提升訂單金額或贊助費用，比方說從一開始的五千萬，到一億、兩億、四億、八億。

這麼一來，小公司的盈利就會暫時增加。但其實，這是一種商場常見的「收購策略」，之後大企業就會突然終止「所有交易」，讓小公司傷透腦筋。

為什麼呢？因為在這種狀況下，小公司一旦沒了大企業提供的營收，就會被膨脹的固定成本逼到幾乎要倒閉的地步，正中下懷的大企業再於此時提案「收購」。當一間公司的下單量突然增多到令人不敢置信，基本上就是在為「幾年後的收購」做準備。

神笑說：「TAM從三年前接受贊助的那一刻起，就註定要被賣掉了。我們完全沒有勝算，這就是我們的命運。」

「太過分了……」

「哪裡過分？這不是理所當然的嗎？打不進市場的產品和服務本就該被淘汰，這是資本主義的原則。」

我低下頭，「……神笑先生，難道你不會不甘心嗎？」

「不甘心？為什麼要不甘心？」

瘋狗——我的腦海中浮現出這兩個字，那是某些員工對神笑秀一的稱呼。

「這反而對我們有利，賣掉博物館是在幫公司止血。而且，對方不打算改掉博物館的名字，這對我們公司也有宣傳效果。A公司的提案正好合了我們的心意，讓我們如願以償。」

「那博物館的員工怎麼辦？」

「什麼怎麼辦？那些都只是打工的計時人員罷了，要辭職就儘管辭，與我們無關。」

「怎麼可以這樣……那些人都是我們的夥伴。」

我看向上納安娜，想窺探她的想法。

「安娜姐，妳覺得呢？」

「我也贊成賣掉TAM。」

「妳也贊成？為什麼？」

「我的想法跟神笑正好相反。TAM約有兩百名員工，唯有接受收購，才能幫這些人保住工作。青野，你難道不這麼認為嗎？」

我的頭腦一片混亂。

有句話說，經營是一連串的判斷與決定。

難道……他們看得到我看不到的世界？

健狗曾說過：「用共鳴決定事情是很危險的。」

「沒有其他提案了吧？」

神笑秀一說完這句話，會議便結束了。我的提案未被採用。

健狗還說過，在資本主義的世界裡，重現力＞共鳴力；在家庭經濟的世界裡，共鳴力＞重現力。

「因為有你，才有現在的我」

我來到公司的頂樓眺望風景。

涼風徐徐吹來，好不愜意。

雖然我的提案並未通過，但不可思議的是，我並不後悔。

這半年以來，我在工作上無怨無悔。自公司創立後，這是我第一次全心投入工作。

「青野。」

我尋聲看去，是上納安娜。

我與她並肩坐在長椅上。

「青野，我有事想跟你說。」

「我也有事想跟妳說。」

「喔？你要跟我說什麼？」

「我打算辭職。」

「咦？」

「這次事情讓我確信，我在這間公司的職責已經結束了。」

這是真的，我沒有說謊。

我想，我真的是一個「共鳴之神」，我必須盡早看出誰是天才，然後幫助他們。

這是我的使命，也是我的職責。可是，這間公司已經不需要這樣的角色了。

「這十年來，我一直都在思考該如何支持妳，如今我的任務已經完成了，安娜姐和公司都已經夠強大了。」

安娜的表情流露出些許哀傷，她先是呢喃道：「這樣啊……」然後又說：「那你決定之後的去路了嗎？」

「還沒。不過，每個時代、每個地方都會有新的天賦誕生，我希望能發現那些尚未被發掘的才華、持續給予支持。」

「這還真有青野你的風格。」

「謝謝。安娜姐，那妳要跟我說什麼？」

「喔喔，不用說了，沒什麼。現在我有更重要的話要對你說。」

「？」

「這些日子謝謝你。」

我好想哭，她是我一直以來支持的人，如今我們卻要分開了。但我相信，這不是消極的離別，而是積極的前行。一想到這裡，我便忍住了眼淚。

「我才要謝謝妳，真的謝謝妳。」

「因為有你，才有現在的我。我絕對不會忘記這份恩情，青野，是你發掘了我。」

安娜說。

春去秋來

十年後——

「下一位請進。」

會議室的門應聲而開，一位穿著全新西裝的年輕人走了進來。

「請你自我介紹。」

「我是慶應義塾大學的○○，大學時參加的是網球社……」

那一晚，健狗便回去當銅像了。當我回到家時，只看到一封信上面寫著「我回去囉汪！」。

上納安娜於那年年底辭去了公司代表一職，隔年便離開CANNA，創辦了一家新的公司。她的新公司僅花了七年就成功上市。

而我呢？我進入了另一家公司，擔任人資兼公關。我對現在總經理「一見鍾情」，奮不顧身地加入了當時僅有五名員工的公司。

如今，公司的員工人數已擴大至三百人。

「下一位，請你自我介紹。」

面試官說完後，一位看起來很「宅」的年輕男子開口了。

「如、如果你想認識我，請看看這個東西。」

男子從包包拿出一副眼鏡。

「這副眼鏡是為了『不擅言辭』、『害羞內向』的人設計的……」

「什、什麼？」

面試官一臉訝異。

「這、這副眼鏡是為了像我這種害羞內向的人設計的。它可以透過鏡片的顏色，將自己的想法傳達給對方……」

面試官啞口無言。

「對於這種眼鏡，市場需求多少？市場規模多大？」

「市、市場規模是嗎？」

「這副眼鏡的缺點跟優點是什麼？而且，你來面試怎麼沒穿西裝？」

「呃……這個……」

年輕面試官看向我，露出一臉「這傢伙沒救了」的表情。我請面試官先按兵不動，轉頭看向來面試的學生。

「感覺很有趣呢，你可以為我們介紹一下嗎？」

「咦……？」

「這副眼鏡很有意思，請你繼續說下去。」

此時窗外的櫻花顏色，是否和那時一樣呢？

「好、好的！」

年輕男子露出笑容。

（終）

解說

本書選擇用故事呈現的原因

這本書裡的「人物」扮演了各自的角色。哪一個人物跟你最相似，你又最嚮往哪一個人物呢？

上納安娜……天才，病態天才。
神笑秀一……秀才，菁英超人。
上山……秀才，無聲殺手。
橫田……凡人，最強執行人。
青野徹……凡人，共鳴之神。
健狗……天才，全知者。

本書登場人物

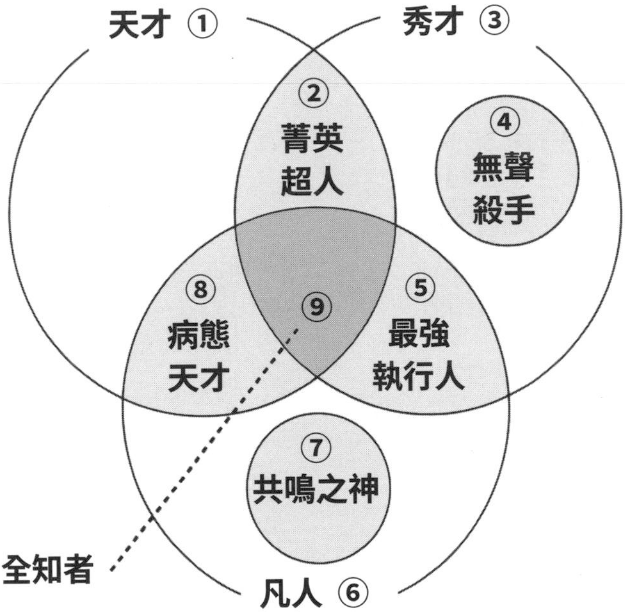
天才 ①
秀才 ③
②
菁英
超人
④
無聲
殺手
⑧
病態
天才
⑨
⑤
最強
執行人
⑦
共鳴之神
全知者
凡人 ⑥

本書登場人物

天才

價值在於「創造」，不擅長「與人共鳴」和「說明」，經常被「多數決的力量」扼殺。

秀才

天才的搭檔，能爲組織帶來「重現力」。其中有些人對天才抱有「強烈的自卑感」……

凡人

能理解衆人的心情，善於激發人們對服務、公司的「共鳴」，但也會扼殺創新。

菁英超人

兼備「高度創造力和邏輯力」的菁英人士。多待在投資銀行等地，不具有絲毫共鳴力。

最強執行人

做什麼都得心應手，極爲「精明能幹」，總能獲得許多人的支持，也是最「受歡迎」的人物。

病態天才

曇花一現的創作者。懂得體貼凡人的心情，卻因爲缺乏「重現力」而大起大落。

無聲殺手

秀才的亞種。以「邏輯和效率」爲武器，悄聲無息地侵蝕組織，是非常麻煩的人物。

共鳴之神

凡人的終極進化型。「擁有高度共鳴力，能夠發覺誰是天才」的稀有人物。

全知者

兼具創造力、重現力、共鳴力的人物。

接下來，我要跟大家談談我的私事。這是我第二次用故事形式來寫商務書籍了。用故事寫商務書籍其實是有風險的。怎麼說呢？因為很多讀者在閱讀商務書籍時，只想要快點看到「訣竅」和「結論」。

這次我選擇用「故事形態」呈現，主要有兩個原因。

第一，我不想讓天賦論淪為「心理測驗」。

市場上有很多「自我分析工具書」和「天賦相關書籍」，但這些書不是以愛因斯坦等科學家、麥可．喬丹（Michael Jordan）等運動員為例，就是介紹賈伯斯這種「舉世無雙的天才」。

這些書有趣是有趣，但讀完後，還是不知道該怎麼活用在「現實中的商場」上。

也因為這個原因，我才會將天賦論套用在現實場景上（雖然有些地方有點牽強），讓大家對三種天賦的運用更有具體的概念。這是第一點。

第二，我想用最簡單明瞭的方式讓大家了解「天賦」。

本書將天賦分為創造力、重現力、共鳴力三種。而市面上那些「自我分析工具書」、「天賦相關書籍」，絕大部分都將天賦分為二、三十種，甚至超過。

這些書就有如「心理測驗」，幫助你了解自己。但若要實際運用在工作上，卻是難上加難。

以我自己為例，我做這類分類測驗的結果，不外乎都是「感受性很強」、「好奇心旺盛」。這些都是事實沒錯，但我還是一頭霧水。因為，就算知道自己是什麼樣的人，我還是不知道該怎麼將這些特質運用在工作上。而且書中的分類太多，看得我眼花撩亂。

我們必須有「共通語言」，才能以組織分析理論為基礎做出改變。

人事評鑑就是典型的例子，在人事評鑑時，我們會說「這個人是X等級中的A十」。若沒有這些好懂的共通語言，討論就會變得困難重重。因此我認為，關鍵其實是「簡單明瞭」。

當類型高達二、三十種，就會變得很難記，導致必須投入相當成本才能將其化作「共通語言」。先不說別的，身為一個商務人士，我對這種事感受比較深刻，理論如果不夠「簡單明瞭」，執行力也會相對低落。

為了讓天賦更簡單好懂，我還運用了「職業類別與階段」的概念。

正如故事中所述，所有的工作都跟「製作、整頓、銷售」這三個要素有關。我將這三個要素與天賦結合，用最簡單的方式，整理出每種天賦適合在什麼階段做什麼。

比方說，創造力是在哪一個階段對什麼樣的工作有所助益？重現力呢？共鳴力呢？

善於創造的人，適合尚在開拓新事業階段的部門或公司。

善於重現的人，適合擴大組織、改善盈利的階段，負責管理部門，又或是擔任管理階層。

擅長共鳴的人，適合將產品推廣給大眾的階段，可擔任業務、行銷、公關、人資等工作。

而這套推論的根基，正是「工作＝職業類別×階段」這個概念。

工作＝職業類別×階段

我因為工作的關係，常幫各界人士來諮詢就業和換工作等事宜。

有些人會說：

「我對自己的創意很有自信，所以我比較適合企劃工作，不適合跑業務。」

又或是，

「我對自己的行動力很有自信，所以我比較適合當業務人員，不適合管理職務。」

我認為，這些人只看到一部分的真相。理由很簡單，因為「工作＝職業類別×階段」，每個工作都包括「製作、整頓、銷售」三個層面。

以業務為例，大企業和創投企業對業務的要求就完全不同。

前者的業務負責「銷售定型化商品」，非常講究「執行力」。

後者的業務必須一邊創新，一邊思考如何銷售。且因創投企業賣的商品市占率尚低，業務人員必須參考客人的反應，進一步改良銷售方式和產品。

由此可見，即便是同一種職業，對才能的需求也不盡相同。

行銷人員也是一樣。如果一家公司已經建立一套統一制度，該公司的行銷人員需要的就不是「創造力」，而是推廣等「操縱力」。同樣道理，我們也不能一口咬定會計人員就不需要創意。

每種職業與工作都多多少少需要「創造力」、「重現力」和「共鳴力」。

很多人都忽視了「階段的差異」，那些埋怨「工作不快樂」、「不知道自己該做什麼」的人，通常都是對「階段」有認知上的落差，才會有這種感覺。

每個人的身體裡都有一個天才

那麼，為什麼會有上述這種認知上的落差呢？

我認為有兩個原因，一是「對天賦抱有過度遐想」，二是「創造力遭人扼殺」。

在生活的過程中，你是否也下意識地覺得「有才華的人跟我們不同，是特別的存在」呢？

電視節目、報章雜誌等媒體在報導天才時，幾乎都將重點放在「做出成果後」，只用非常少的篇幅報導他們的努力過程與瓶頸。

那些螢幕上閃閃發光的天才，絕大部分都是在成長過程中獲得「共鳴之神」的支持，拿到後天「磨練出的武器」，找到自己「活躍的舞臺」，才有了今日輝煌的成績。

然而，能夠正確理解這套過程的人卻是少之又少。

於是，大家都以為只有極少數的「天才」，才有進行獨創性思考的能力。

至於第二點，這個世界本就對打算發揮創意的人特別苛刻。

尤其像日本這種國家，特別不歡迎「標新立異」又或是「異於常人」的人。當然，只要你做出一定的成果，大家就會對你刮目相看、表示歡迎。但這些人，終究還是跟那些在童年就被「共鳴之神」發掘天賦的天才是不一樣的。

只能說，這些人真的很幸運。大多人在從事「新事物」時，都會受到周遭人的攻擊，因而產生「創新就是吃虧」這種想法，進而抑制自己的創造力。

這樣的結構就是上述情況的肇因。比較麻煩的是，現今學校教育是以「重現力」與「共鳴力」為基礎，很難就這點加以改善。

日本的現狀

身為平常就在觀察大企業和創投企業的人，我深切地感受到，現在日本已進入不

圖21：從「天才時期」到「秀才時期」（同圖2）

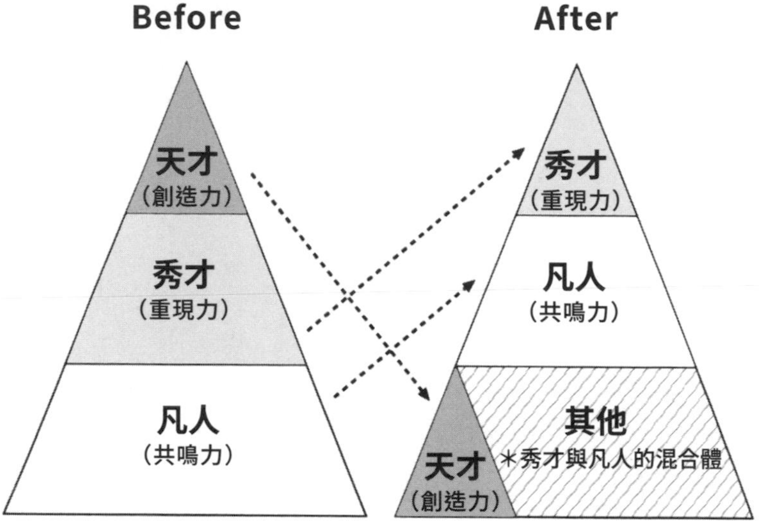

同階段。

具體而言，世代已然交棒。

那些在高度經濟成長期拉拔日本經濟的天才們都已經上了年紀，交棒給「秀才」後便退居幕後。

就某層意義而言，日本已進入不一樣的時代，組織的命運取決於「秀才如何對待天才」。

秀才若能克服自己對天才的自卑感、正當使用科學，就能幫助組織起死回生。相反的，如果他們將「重現力」用於自保，組織就無法創新，陷入腐敗與弊案的泥沼中。

就這點而言，現今企業需要的是三種人，一是「擁有高度教養、願意正當運用科學的秀才」，二是「共鳴之神」，三是創造新事物的「天才」。

在本書的故事中，「共鳴之神青野」支持著發光發熱的「天才上納安娜」，隨著時代的轉變，上納安娜將經營權交棒給「秀才神笑秀一」。

青野與安娜在職責結束後，再次踏上「創造新事物的旅程」。這也反映出日本的現狀，大企業苦於無法創新，年輕人離開大企業自立門戶，自行開創新事業。

簡單來說，我將日本組織所遇到的問題濃縮成一個「九十分鐘可以讀完的故事」。

出版業的創新

這本書的原文出自本人的部落格《為什麼凡人能殺死天才？》。該部落格剛設立就被迅速轉發分享，引發了熱烈討論。

過程中，有不少知名人士留言稱讚這個故事。像是田徑選手為末大先生、前微軟

日本法人董事長成毛真先生、Korn Ferry 集團的共同經營者山口周先生、漫畫《左撇子艾倫》（左利きのエレン）的作者卡比（カッピー）……等。

大家的反應給了我無比勇氣。

一股熱血在我胸中沸騰不止——

「我要將這些想法付諸實行！」

「若將這個理論運用在出版業，會發生什麼事？」

如果我的理論是正確的，出版業現在即將進入「天才交棒給秀才」的時期，正處於「需要創新」的時代。

當時的我心想，或許本書可以提供一座實驗平臺，幫出版業挖掘出新的做書方法，成為改變市場的契機。

本書的〈附錄〉就是該想法催化出的成果。

一般而言，書籍的資訊都是單向的。作者與讀者之間是明確的單向箭頭「→」，作者負責發送資訊，讀者負責接收資訊。書籍和電視等舊媒體都是「單向媒體」。

但是，如今時代不同了，人們需要「能夠參與的媒體」，Facebook、Twitter、

Instagram都是典型的例子。先不論社群網站，現在「網友同樂型網路媒體」的聲勢可謂如日中天，足以可見大家對「參與」的需求。

因此，我決定推出一個新的做書方式，在本書最後附上我的部落格《為什麼凡人能殺死天才？》的網友留言。這些留言都是在未經刪改的情況下如實刊登，希望能將本書打造成「讀者參與型書籍」。

別人是怎麼想的呢？希望這些讀者感想，能讓各位二度享受本書帶來的樂趣。

後記

「為什麼你要寫這本書呢？」

如果你這麼問我，我的答案是：

「因為我對那些阻撓人類可能性的事物感到憤怒。」

每每看到有人阻撓別人挑戰新事物，甚至扯後腿，我都感到憤慨至極。這些人總有各種「別人做不到的理由」，像是國籍、職業、出身，用各式各樣的說辭牽制他人。從小到大，每次看到類似狀況，我都感到義憤填膺。我想，這可能源自我對未來的執著，我對別人和自己的可能性深信不已。

這一本書、下一本書、之後我所寫的每一本書，都是獻給此時此刻正想方設法挑戰新事物的人。

（上一本《轉職思考法》也是一樣。）

如果你的摯友、家人、喜歡的人正在挑戰新事物、正努力達成目標、正準備踏出新的一步，未來在等著他們的，將是各種昏天暗地的苦惱與障礙。試想，這時如果有一本書可以陪你一起支持他們，該是多麼棒的一件事啊！這也是我寫這本書的原因。

如果你覺得這本書很好看，請務必介紹給你身邊那些「打算挑戰新事物的朋友」。你的一個小動作，或許會成為他們的大救贖。

最後，我要特別感謝協助我創作本書的人。本書借用了很多積極向前的能量與智慧，首先我要感謝長谷川蒿明先生、寺口浩大先生、岩崎祥大先生、片見斗希生先生、津倉德真先生，你們都是我同年代的夥伴，謝謝你們自上部作品協助我至今，今後也請務必鼎力相助；再來是這次第一次合作的代麻理子小姐、鄒潮生先生、押切加奈子小姐、篠原舞小姐，非常謝謝你們的幫忙。

另外我要藉由這次機會，再次感謝到我部落格留言的所有人。因為有你們，這本書才得以完成；編輯櫻井保幸先生，謝謝經驗豐富的你給了我如此美好的機會；我的老友為末大先生，謝謝你成為我的良師，給予我各種建議。在此由衷感謝各位。

最後，我要謝謝一路支持我的家人朋友，如果沒有你們，就沒有現在的我。

北野　唯我

我是公司裡的中年喬王

萬能間

上班族（53 歲）

我對於這個凡人殺死天才的理論非常有共鳴。我進入公司服務已三十年，一直待在開發部門。每每看到那些與眾不同的人、思想尖銳的人、個性體貼的人，因為跟上司不合又或是開發中斷等問題而另謀他職，都讓我感到相當難過。

三年前，我被調到負責改革風氣的部門，成了公司裡的「中年喬王」。

我的工作是找出公司裡比較耐人尋味又或是滿懷熱情的人，再請比較通情達理的高層與他們談話。

我的人生經驗告訴我，人在成長過程中，一定會碰到一些沒經歷過就無法理解、無法創造的事。能夠注意到這一點的人才能成為「喬王」，不能夠的人就會成為扼殺天才的劊子手。

期待這些文章能出版成書。

衷心期望日本能成為一個足以孕育眾多創新的社會。

請從P.255的「部落格」和「感想」讀起

大開眼界

岩崎祥大

律師（30 歲）

·比起「評價」這種相對性的差異，「軸心」的絕對性差異將引發嚴重的溝通鴻溝（平行線）。我非常認同作者所說，若不具有這個概念，就永遠無法消除大部分的溝通鴻溝。先不說別的，光是這個觀點，就足以證明這篇文章的價值。

·大企業之所以無法創新，是因為「用同一個 KPI 來衡量三個『軸心』」，這一點真的是這樣。

·我認為這篇文章真的很棒，最後的結論非常溫暖。作者並未幫天才、秀才、凡人分出高下，而是告訴大家，天才要有凡人「共鳴之神」的幫助才能夠運用天賦，每種天賦都必須發揮自己的角色與職責才能夠共存。

·書中並未詳細解釋如何活用天賦、如何分析自己屬於何種類型、如何成為自己憧憬的類型（當然沒有）等方法。如果你想要學的是這些，本書恐怕無法滿足你的需求。

以上供大家參考。

・讓凡人適得其所

【結語】

以上就是我想出來的天賦活用方法。

或許我也曾經殺了「天才」

鄒潮生

TIXA ITEX 股份有限公司　執行長（31 歲）

這一路走來，我似乎做了很多將天才推入深淵的行為。

我讀完這篇文章的感想是：「我不能再殺死天才，為了讓組織持續創新，我決定以後不再聲討那些特立獨行、無法從事一般工作的人，改以『共鳴之神』的身分支持他們。」

可是還是要特別注意，畢竟現實中的天才身上不會貼著「天才」二字。一旦覺得對方「只是怪咖不是天才」，我可能就不會去保護他不受其他秀才、凡人攻擊，甚至成為發動攻擊的其中一人。

一想到自己過去可能在無意間將天才推入深淵，我就不禁寒毛直豎。

如今我剛離開公司自立門戶，組織規模尚小，還沒有遇到這樣的問題。但今後我會將「凡人有可能殺害天才」這件事銘記在心，繼續前行。

---

③則大多沒有自覺。

目前很難在不插手的情況下出現社會結構上的變化。

就現實而言，需要有人意圖性地將社會改變成①和③的狀態，才能打造理想中的世界。

關於①

天才是孤獨的。在我資歷尚淺的人生中，我遇到的「天才」都是不被理解且孤獨的。即便身為凡人的我表示願意理解他們，還是無法消除他們本質上的孤獨，因為我無法理解天才的本質。

如果有一群能夠理解他們本質上的孤獨的人，一定比我單獨一個人的力量強。簡單來說，我們必須製造讓天才可以交流的場合，減輕他們本質上的孤獨。

關於③

要怎麼增加共鳴之神呢？

我的第一份工作是一家大型證券公司，當時我遇到的共鳴之神都有兩個共同的素養，一是高度共鳴力，二是凝聚力。

這些人能在自己所屬的組織中凝聚勝利的力量，然後賦予天才。

可是，要凝聚這麼多人的力量，必須要知道自己有多少能力。

要釐清自己的能力範圍，則必須要把事情「做到底」。

因此，我們應該讓凡人待在適合自己天賦的地方，讓凡人在那邊努力完成一些事情、培養出自信後，他們才會認為「自己輸給天才也沒關係」。

簡單來說，就是讓凡人適得其所。

【結論】

・設法增加天才之間的交流

是「有些異於常人的天才」，都很難在這個世界（尤其是日本這個國家）生存。要分類的話，我其實也是「不適合日本社會」的那一邊。這讓我心裡產生了強烈的疑惑，為什麼我們不能用正確的方式理解他們，對他們伸出援手呢？

→北野先生的故事可支持我的第一項建議

・向成長產業介紹優秀人才

→引發創新的具體方法

從上面這些段落我們可以發現，讓天才適得其所，才能不費工夫地推動創新。

如果您不認同我的觀點，就不用看下去了。

我認為可用下列這些方法來達成上述目的。

【方法論】

我們必須認識天才、秀才、凡人各自背負的罪過，才能改善天才遭人扼殺的情形。

①天才之罪……沒有執行力，無法獲得秀才與凡人的支持，自己選擇物理上或精神上的死亡。

②秀才之罪……自知比不上天才，也明白輔佐天才才是正確的選擇，卻為了維持自身利益而攻擊天才（主動被動都算）。

③凡人之罪……增加共鳴之神可提升天才誕生率。在還沒看出哪些人是天才時，凡人是沒有罪的。換句話說，凡人之罪是社會整體的罪過。

在①、②、③中，最難改變的是②。

因為秀才之罪是「有自覺的行為」，他們本來就是社會中的有力人士。

秀才很懂得保護自己的利益，再加上擁有高度的執行力，不太願意改變自己的行為，很難讓他們為了輔佐天才而改變自己。①和

「秀才之罪」最難處理

桐原有輝
自由業（31 歲）

對於運用天賦的方法，我有兩個建議：

・設法增加天才之間的交流

・讓凡人適得其所

北野先生的文章非常精采。但若只停留在「大家要多注意喔☆」這個結論，未免就太可惜了。這也是我決定留言的原因。

接下來我將以「前提→問題定義→方法論→結論→結語」的順序，與大家分享我的想法。

【前提】

我是凡人，這也是這份感想的前提。

我自認擁有高度共鳴力，也能分辨出誰是天才，所以應該是「共鳴之神」。

【問題定義】

首先，我要列出文章中的一些關鍵段落，跟大家核對北野先生寫這篇文章的目的：

・就結論而言，我還是認為這個世界需要天才。為什麼呢？理由有二，一是「為滿足人口增加後所引發的需求」、「為調整經濟系統的失敗」。

→這段告訴我們創新的必要性，也就是天才的必要性。

・但是，我對「社會對少數群體的支援」就很有意見了。只要

企業對「最強執行人」的需求

鈴綾

機械設計工程師（32 歲）

這個部落格真的很有意思。

我出社會後還沒遇過「天才」，我工作的地方都是「秀才」和「凡人」。所以我非常認同文章中提到的「最強執行人」這個觀點。「最強執行人」善於遊走於秀才與凡人之間，是公司裡的王牌。常有人說「學歷高不等於工作能力強」，出社會後我也有這種感覺。凡人在組織中占了大多數，即便是高學歷的秀才，若不能發揮共鳴力、走進凡人的世界，就無法贏得凡人的青睞。

大企業一般傾向雇用高學歷人士（秀才），又希望員工擁有高度「溝通能力（共鳴力）」，這代表大企業其實想要多多雇用「最強執行人」。

然而，這樣就只有介於秀才和凡人之間的人能受到青睞，豈有天才發揮的餘地？再加上，在公司制度（邏輯）的影響下，即便天才偶然進入公司，也會因為秀才人數較多而無法自由發揮才華。在這樣的情況下，公司就會失去創造力，只能維持舊有事業，逐漸走向衰敗之路。隨著組織發展出巨大規模，就必須面臨這樣的問題。

別再以「無法理解」為理由，排斥天才這個社會上的絕對少數。

重點在於雙軸的交集

押切加奈子

書店咖啡廳店長（32 歲）

天才與凡人的人數差距非常大。

凡人能給予天才多大的自由？又能拾多少牙慧？

相反的，天才能玩弄凡人到什麼程度？

我認為重點在於上述雙軸的交集。

秀才對雙方皆有接觸，或許是最能派上用場的角色（只是感覺本人會很辛苦）。

組織要運用這些天賦，前提是一定要找到入口來了解對方，讓組織內所有人都願意認同他人的優點與好處。

各司其職，互相扶持

I.A.

學生（21 歲）

讀完這些文章後，我哭了。

至今我有好幾次差點遭到殺害的經驗，原因都是對方不願了解我。我絕望了無數次，但都沒有對人類徹底失望。在掙扎的過程中，有好多人對我伸出援手，有共鳴之神（朋友），有菁英超人（大多為學校老師），也有病態天才（我多數的朋友）……先不論我是不是天才，但我有好幾次差點不幸死亡的經驗，一路凋零至今，堪稱稀有動物，姑且稱我為「天才扮演者」好了。

部落格中提到的兩個名詞：天才與共鳴之神，會隨著時機與場合扮演不同角色。我們有時是秀才，有時是凡人，這一點還請多加注意。重點在於互相扶持，無論對方是何種角色，我們都應在自己的能力範圍內彼此協助，改良社會，打造一個雙方適存的世界。

平底鍋、土鍋、打蛋器的功用都不同。要煮螃蟹火鍋時，土鍋就是天才。這有點類似生物進化論，每個人所扮演的角色因時而異，沒有人永遠都是凡人，總有一天會輪到你當主角。

因此，我們不用每個人都是千里馬，但必須每個人都是伯樂。說得通俗一點，就是認同別人最真實的樣子。

扮演天才的人當然不用十全十美、萬般皆會。無論誰是凡人、誰是天才，誰是秀才，每個人都是維持社會運轉的重要角色。現今社會之所以無法包容認可，就是因為沒搞清楚這個道理。這個部落格不但點出了這個現況，也給了那些排斥天才的人一記當頭棒喝，要他們因此，我認為應幫天才打造一個特別的待遇體制，讓他們即便不擔任主管也可以領到應得的薪水。

可用不同軸心調查組織

津倉德真

行銷人員（27 歲）

我們可幫每個組織算出各種職位的人數比例，以業界、職種、規模等不同軸心，計算哪種比例的組織事業發展較為順利、員工的幸福度較高，感覺應該很有趣！

他已經完全被組織扼殺了。

・你曾遇過的「凡人拯救天才」案例

前面提到跟我同年取得博士學位的朋友，就是一位獲救的天才。

他是用公司的補助費用拿到博士學位的。

他不善於與人溝通，卻擁有異於常人的數學和邏輯能力。

進入公司後，他重新鑽研電磁學、量子力學，達到了出神入化的地步。

後來有個上司提拔他，把他送去大學念博士。

我想，提拔他的上司應該也是個天才。

・讓組織活用天賦的方法

我認為關鍵在於上司能否理解天才的特質。

天才有個非常明顯的特質，那就是他們沒有 KPI，秀才和凡人無法評價他們的潛力。

天才還有一個共通點，他們的觀點非常純淨。

如果你身邊有沒辦法用 KPI 衡量的人，或許可以觀察他的觀點的「純潔度」，加以提拔發展。

・你們公司的「創新阻礙」

我認為是只提拔高於平均分數者的人事系統。

技術人員比較不講究職位，應幫他們設計特別的升遷系統。

要注意的是，天才不適合擔任管理職。

我將之稱為「SM 理論」，M 有階級，往上爬就變成下級的 S，S 則沒有階級，也不會變成M。

同理，天才就是天才，他們沒辦法調和組織，不適合擔任管理職。

落格。

其中有一點我認為非常明顯也至關重要，那就是「這個世界上沒有用來衡量天才的 KPI」。

我們公司是用平衡計分卡（The Balanced Scorecard，簡稱 BSC）來進行 KPI 管理，這在一般公司相當常見。看完部落格後我才知道，原來天才的創造力是不能用 KPI 來評價的。

看完部落格後，我立刻拿去跟公司裡的天才分享。事業部長知道這件事後跟我說，他想將公司裡的天才配給能夠理解他們的管理階層，又或是配給我當直屬部下。

我不確定事業部長是否因為本身是天才才這麼做，但至少這麼做能拯救公司裡的天才。

・你的職場人際關係煩惱

我們團隊有個成員，常因為固執己見而沒有做好交代的工作。

他剛愎自用，對別人的建議和其他做法充耳不聞。

他能勝任單獨工作，應該說可以自己處理工作，但我實在不知道該把他歸類為秀才還是凡人。

還是說，他其實是這三種類型以外的人呢？

・你曾遇過的「凡人殺死天才」案例

我們公司在升任管理職務之前，必須接受「管理審查」。

這套系統要求受審者高於平均分數，所以很多天才都無法通過審查，我認為就某層意義而言，這套系統就是扼殺天才的劊子手。

前陣子，一位跟我同年取得博士學位的朋友也接受了這套管理審查，結果竟然沒過。

另一位比較標新立異的天才友人，甚至因為不爽這套審查系統而拒測。

發現「空白」

K.A.
學生（23 歲）

人只有在理解他人後，才能持有「空白」。

「空白」是知識與經驗交織出的延伸。

我希望所有人都能得知「空白」的存在。「天才」、「凡人」第一次見面時，或許會覺得對方跟自己想法差很多、對彼此而言都是異類。但只要同為人類，就一定有「空白」。

我想「共鳴之神」就是能發現這些「空白」的人吧。

人生來相同，本質卻是相異。差異是理所當然又美好的事情。

希望世上有更多優良的環境，能讓更多人了解這個道理。

我們很難評價天才

Kazu Kudo
電子零件製造業　國外工廠　技術部長（40 歲）

．部落格讀後感想

我們公司的標語是「Innovator（創新者）」，但內部系統卻在抵制新銳天才。

今後的競爭將愈發激烈，我希望能將公司打造成創新型工程師的舞臺，讓他們在舞臺上發光發熱。就在這時，我看到了這個部這些文章令我豁然開朗。

以下是簡略的讀後感想：

每次我看到人家將「天才偉人」與「發展障礙的正面印象」畫上等號時，我都會覺得哪裡怪怪的。

讀完該部落格後，我才恍然大悟，凡人是以「共鳴」為軸心，所以無論是發展障礙者還是健康的人，都會與之產生衝突。

先不論是好是壞，發展障礙一般給人與眾不同的印象。這其實是錯誤的，因為這社會上的大多數人，都活在凡人的軸心之中。

大多凡人將人分類為「容易共鳴（健康的人）」與「難以共鳴（發展障礙者）」，只要發展障礙者活在這樣的軸心之中，就一定會衝突不斷，雙方都過得很辛苦。天才不是想當就能當，但秀才可以靠努力而當上。如果你正苦於自己的發展障礙，要不要試著轉換成秀才的「軸心」呢？

我這才找到了明確的生存之道。

我想我的文章沒有好到可以出書，但我希望能透過這篇文章，向您表達我的謝意。

看著電腦螢幕，我的心中淨是感謝，謝謝您寫了《為什麼凡人能殺死天才？》這個部落格。

萬用的思維理論

座敷童子

系統工程師（26 歲）

這篇文章充滿了北野先生的善意與熱情。

觀察現今社會你會發現，有潛力者無法將潛力發揮至極致。這篇文章的根本思考在於，改變這個現狀才能提升社會價值。

這是一套萬用的思維理論。我們一直以為自己離「天才」的境界很遠，但或許那些無法發揮原有實力的少數分子，就在你我身邊。

這篇文章為我注入了勇氣，讓我明白原來我也是有價值的，每個人都可能發揮自己的功能，幫助他人找回原有的實力。

大多發展遲緩的都是凡人

黃昏

您好，我是在 Hatena 部落格寫散記的一名格主。

我於長大後被醫師診斷出罹患自閉症類群障礙症（Autism Spectrum Disorders，簡稱 ASD），也就是一種發展遲緩的病症。

我曾在部落格寫過自閉症和發展遲緩的文章，裡面提到了您的部落格《為什麼凡人能殺死天才？》↓

我的第一階段，是在可以稱讚他的時候不留餘地地大力稱讚（幫他皮膚上的傷口塗藥），並且大方與他交流（設法解除他威嚇人的炸刺狀態）。我並未幫他訂立什麼「療傷計畫」，而是自然發展至此，我想，這也是「惹人愛的天才」的天賦之一吧。

第二階段，我聽他訴苦、給他意見，幫他把那些優質的創意企劃塑造成型。

我的努力奏效了，這隻刺蝟離開了原有的部門，前往日本的商務中心——東京。

現在第三階段仍在進行中，我為他介紹各種書籍，協助他尋找更能發揮天賦的方法，釐清自己的目標與夢想。

一直到不久前讀到北野先生的部落格《為什麼凡人能殺死天才？》之前，我一直感到匪夷所思，為什麼我會對這隻刺蝟這麼有共鳴？甚至不惜投入私人時間，不求回報也要幫助他呢？原來，「共鳴之神」幫助天才能獲得一份特別大禮，那就是與他做一場相同的夢。

我雖然是共鳴之神，但也是凡人。對我而言，這是我再怎麼努力都無法獲得的褒獎。

刺蝟的旅程還沒結束。今後我也會繼續以共鳴女神（人家是女生啦笑）的身分，支持這個「惹人愛的天才」。

世界上的天才們，要幸福喔！

受我的提案和想法的伯樂。

最重要的是，她不斷誇獎我的創意和才華。

雖然我離成功還很遠，但今後我會憑藉共鳴女神以及「中年喬王（尚在尋找中）」的力量，為自己與社會追求幸福。

【留言人】共鳴女神

女，三十七歲，A 公司合作企業的公司幹部（中小企業）

特徵：愛管閒事，愛照顧人，活潑開朗，能以經營者的角度提供意見，目前正在學習經營。

～一個拯救天才的故事～（共鳴之神視角）

我剛認識他時，他就像隻遍體鱗傷的刺蝟。

他很清楚身上的傷是工作造成的，卻依然保持開朗，對工作樂在其中。因此，整個過程沒有花太多時間。

一問之下才知道，他很受到下屬的愛戴，上司卻將他視作眼中釘，經常使手段扯他後腿。

刺蝟身上的刺非常尖銳，總是把自己扎得滿身是血。而他看上去，就像是一隻滿身是血的刺蝟。

他一心期望公司和部門能夠進步發展，也確實往這個方向展開行動。他的魅力實在一言難盡，他很有創意，又富有創造力，善於設計思考，擁有高度行動力，吸收能力佳，還是個情深義重的人。

跟他聊過後，我被眼前這個「惹人愛的天才」給深深吸引。

我彷彿看到了一顆未經雕琢的原石。我好想幫助他，這個人值得更好的境遇，我想要看到他閃閃發光！

然而，畢竟我是外部人士，能夠協助他的地方有限。

繼續提案。

當時的我因為不知道內幕，所以心裡真的很受傷。再加上同一時期，一個想要往上爬的同事背叛了我，這讓我變得無法相信任何人。

我之所以能再次爬起，得歸功於其他公司的幾個人。他們願意理解我，其中一位女生更是我的共鳴女神。

我跟這些人沒有利益關係，他們對我的單純支持，無疑是一股強大的力量。

於是，雖然我擁有亮眼的銷售成績又深受下屬愛戴，我還是毅然決然離開了待了五年的事業小組。

而我的主管、部長，沒有一個人挽留我。

「什麼是評價？」

我帶著滿腹悲傷，以及對全新領域的期許與希望，自請調動為現在這個事業部的行銷企劃人員。順帶一提，我在這方面完全沒有經驗。

就在這時，我遇見了《為什麼凡人能殺死天才？》這個部落格，讀完後我興奮不已，彷彿從這充滿苦惱的工作人生中解脫了一般。

當然，我也有該反省的地方。但當我發現原來那些人不斷否定我是有原因的，我整個人都獲得了救贖。

其實是共鳴女神勸我申請調職的。

她告訴我，可以去不一樣的環境試試看，說不定能遇到願意接

A 公司是一間企業法人，我靠著與生俱來的責任感與執行力，接二連三地做出亮眼成績。

因 A 公司是一家創投企業，在商場中成長得很快，我也如預想中一般頻頻升職。

我深得下屬愛戴，我的底下沒人離職，且都確實達成年度目標。負責範圍內的團隊數字，也都無一例外全數達標。

看到這裡，你是不是以為我的職場生活一帆風順、無往不利呢？

無奈的是，公司的整體狀況並不好。我們的事業以代理店銷售為主，再加上高層經常將艱難的工作硬塞給我們，導致事業部爆發離職潮。

為此，我向事業部提了幾個事業新案。

像是「開拓新盟友」、「強化舊有結盟關係」、「開發新服務」、「設計員工訓練體制」……等。

然而，事業部卻拒絕了我的所有提案。

準確來說，他們拒絕的是我本人。

因為上司對我的評價不高，對我多有忌憚。

但是當時的我並未注意到這一點，我沒有想到他們會將「我這個人」跟「我的提案」混為一談。

我的心中淨是疑惑：「我在工作上的表現應該沒話說，在實際提案前，我曾將企劃書拿到顧客那邊試水溫，顧客的反應都很好。重點是，這是為了幫助公司的事業，為什麼他們要給予這麼差的評價？完全不肯接受呢？」

之後事業一樣沒有起色，我因為害怕再次遭到否決，所以沒有為什麼呢？因為分類有助簡化，人本來就喜歡簡單易懂的事物，對複雜難懂的事物感到畏懼。「人」跟邏輯知識不同，要理解「人」這種不明確的生物，本就是件痛苦不堪的工作，讓人不禁打退堂鼓。當你覺得「某人就是怎樣」時，代表你已停止了思考。每個人的理解範圍不同，理解他人無關好壞，最重要的是接觸過後再判斷。

「理解」二字感覺有些沉重，但只要你願意對眼前的人感到好奇、予以尊重，就能開啟理解的道路。

能做到這一點的正是中年喬王與共鳴之神，希望社會上的中年喬王與共感之神能愈來愈多，一同打造更溫暖的世界。

一個天才與共鳴女神的故事

刺蝟與我

行銷企劃（29 歲）

【留言人】我

男，二十九歲，A 人才公司的天才，行銷企劃經理

特徵：個性輕率卻容易受傷害，創新者，喜歡人類跟思考，是上司的眼中釘。

（這是發生在我身上的真實故事，只是加了一些客觀意見）

～一個天才被拯救的故事～（天才視角）

我因為想要協助應屆畢業生就職，進入了現在這間 A 公司服務。

持續遭到殺害的凡人們

佐久間

食品公司員工（30 歲）

・讀後感想

雖說這個部落格的主題是「為什麼凡人能夠殺死天才」，但我讀完的第一個想法是：「應該說天才在還是凡人時就遭到殺害了……」

・你的職場人際關係煩惱

我對現在的工作環境其實很有意見。我在一家大型食品公司服務，負責思考如何銷售公司產品。實際進來這間公司前，我對這間公司充滿了憧憬，很希望能在這裡工作。然而進到公司後，才發現我們部門的競爭非常激烈，堪稱「求生部門」。有決定權的淨是些陰晴不定的人（當然也有性格穩定的人），有些優秀人才甚至被這些人逼到精神出問題，最後黯然離職。這讓我大受打擊，我們團隊的氣氛也很糟，即便如此，我們還是超越了對彼此的喜惡，努力靠自尊心完成了工作，這也讓我上了寶貴的一課。

雖然我誤闖進「求生部門」，但還是很努力地在錯誤中學習教訓，一路撐到了現在。

・讓組織活用天賦的方法

我認為重點在於理解他人。

人總是下意識地幫所有人分類，而非用單純的眼光看待他人，即便你已經盡可能地保持單純。

賜給凡人一絲曙光（職責與功能）

吉野綾

（31 歲）

作者對如何引發創新的見解相當敏銳，令人豁然開朗。讀完文章後，我也想分享一下自己的感想，或許有些雜亂無章，還請各位海涵。

・偶發性創新跟「自由催化劑」有關。「自由催化劑」很清楚天才、秀才、凡人三方各自的特質精髓，他們將分子運送到其他領域進行調和，引發化學反應（這種人跟文中的「全知者」比起來較不穩定，就某層意義而言可分類為天才）。「凡人」能夠理解事物的多樣性，善於共鳴，他們能夠明白天才的想法，對秀才也抱持著正面情緒，具有成為「自由催化劑」的潛力。

・我簡單思考了一下自己的定位。我不是天才，但也不想當凡人。我自認是秀才，卻不確定自己對社會有無良性影響。「凡人」這個詞真的很傷人自尊，凡人該怎麼面對自己是凡人的事實？有辦法幫自己「脫凡」嗎？我想，這些問題是問不出本質的。我認為凡人需要更多的曙光（職責與功能），畢竟他們在人數上比其他兩種人高出很多。若能取得更多凡人的共鳴，一定能加速輔助天才的循環。

・續篇（不知道書中是否會刊登）中提到「天才時代和秀才時代會交互出現」。放眼現今世界，美國正處於「天才時代」，日本則處於「秀才時代」。賈伯斯的去世揭開了美國「秀才時代」的序幕，中國的天才則紛紛覺醒。有鑒於階段不同，一味模仿他國模式是無法存活的。我希望日本高層那些「秀才」能夠認清這個事實，用秀才之力為國家灌溉，延續國家生命，努力為國家培育天才幼苗。

我再度獲得了勇氣

俊俊@

自由業正職　供應鏈管理人員（43 歲）

在網路上讀到這個部落格時，我前前後後已換過四份工作。

當時的我非常煩惱，為什麼我都已經在有限的資源下做出了成果，別人還是不認同我的實力呢？

這段時間我上網搜尋的，都是「工作　實力　不懂　普通上班族」這類關鍵字。

倉庫的員工眾多、勞力密集，要在這樣的環境下做出成果，最重要的便是掌握每一位成員的實力，將每個人組織起來。我是個懂得欣賞他人長處的人，所以能夠屏除正兼職、年功等要素，尊重所有人，冷靜觀察他們的優缺點。

過去的我認為，只要做出成果，別人就能看到我的實力。

所以，即便世人並不看好倉庫工作，我仍將這份工作視作自己的天職，不斷精進自我，設法提升職場品質，讓公司獲得顧客喜愛。

（事實證明，只要提升職場品質，大家就會願意為公司效命，即便人手不足也能做出成果。）

然而，某些特定階層卻開始對我百般阻撓，這些人都是「公司元老菁英」＝秀才。

現在回想起來，每當我做出成果，總有人在身邊支持我。我的上司是個中年喬王，他能夠理解我的奇才異能。

我今天又被逼到了絕境，再次動了換工作的念頭。但在重新讀了這個部落格後，我再度獲得了勇氣。

我想當最強執行人

勇太

社會新鮮人（24 歲）

讀完這些文章後，經過一番思考，我發現自己最想成為介於「秀才」和「凡人」之間的「最強執行人」！！

期許自己能當個懂得身體力行而非光說不練，又不忘理解他人的人！！

日本就要開始改變

HOPE

財團法人職員（47 歲）

>> 任何人都曾對工作感到「不甘心」過，我就有。

>>「不甘心」的心情絕大部分源於「人際關係衝突」，又或是「未能理解尊重他人的天賦」。

>> 作者寫《殺死天才的凡人》這本書，就是為了幫助我們解決這些問題。

作者很懂得對他人的瓶頸感到共鳴，又願意與我們分享問題、設法解決問題。我相信，日本即將開始改變！

死天才的共鳴者。」我只要負責欣賞、稱讚天才的創意，對他們產生共鳴，天才就能將天賦運用到極致。這些文章讓我明白，有了共鳴者、執行人的協助，天才才得以維持天才的身分。原來不是天才的我，也能用這種方式為天才盡一份心力。

每種人都有適合自己的發光發熱方式

村田優介

學生（22 歲）

○我覺得最強執行人＝「＃疊疊人」

（畳み人，意指能夠設法將創意付諸實行的人。）

要怎麼消除最強執行人跟秀才之間的隔閡呢？

這是隸屬於「疊疊人沙龍」的我的其中一個目標！！！

○理想的世界＝所有人都認同自己並回饋社會。

以前的我還以為凡人就是爛，天才秀才就是讚，

讀完部落格才知道，每種人都有適合自己的發光發熱方式。

○要成為「共鳴之神」，必須

・親眼確認

・以一顆單純的心待人

凡人擁有高度共鳴力，善於傾聽他人意見，但也要相信自己，不要太過受到他人影響。在這個資訊爆炸的時代，要做到這一點很難，卻是至關重要。

時間考量是創新的阻礙

高堂周平

銷售人員（33 歲）

這些文章給了我一記當頭棒喝。

其實不難想像，凡人因為害怕自己無法理解的事物，所以才會在沒有自覺的情況下殺死天才。

凡人很崇拜天才。而且在凡人的內心深處，應該是很想成為秀才的。

這些文章在各方面觸動了我的心弦。

在我看來，阻礙我們公司創新的高牆是「時間考量」。

我們公司與其他公司一樣，打著內部改革的旗幟，希望能開發出新產品，卻沒人願意提出需要長時間開發的事業。大家只顧著眼前的生產目標，以及能夠馬上執行的工作。

只要創造出來的東西無法一夜之間改變世界，時間考量永遠是我們公司創新的阻礙。

我也可以為天才盡一份心力

慢活女孩

高層秘書（32 歲）

我既非天才或秀才，也非超人或執行人，看完這些文章的感想是：「我無法成為天才，感覺也無法成為秀才，但我可以當個不殺

部落格的網友留言

我曾在大學體育社團中親眼看到天才遭毀

偏凡人的菁英超人
學生（22 歲）

其實不光是公司，最近飽受社會批評的「體育社團」也有這種情形，我就曾在體育社團親眼看到天才遭毀。我參加的是歷史悠久的武術類社團，所以有很多已經畢業的社友。這個社團的「天才」是一位已畢業的學長（在此稱他為 A 學長），他是一位自己創業且事業有成的革命人士。

有一陣子，A 學長有意改掉社團的練習內容，並提出新的社友會組織和財務制度。他打算將運動科學理論引進傳統武術中，並以大企業和當紅創投企業的組織營運方式為範本，希望能藉此提升社友會的營運效率。這無疑是一個劃時代的改革，學生們對此充滿了期待，希望這個弱小的社團能因此蓬勃起來。

然而，其他不滿 A 學長的社友竟策劃了一場陰謀，故意毀掉 A 學長的改革案。現在回頭想想，這些社友就是長年在大企業工作、以「共鳴」為軸心的「凡人」。我想，很多學生經過了這場洗禮，出了社會一定不敢「造次」，就這樣跟隨其他人當一輩子的「凡人」。讀完《為什麼凡人能殺死天才？》後，第一個浮現在我腦海中的就是這件往事。

的公司。

但是，我對「社會對少數群體的支援」就很有意見了。只要是「有些異於常人的天才」，都很難在這個世界（尤其是日本這個國家）生存。要分類的話，我其實也是「不適合日本社會」的那一邊。這讓我心裡產生了強烈的疑惑，為什麼我們不能用正確的方式理解他們，對他們伸出援手呢？

至今尚未出現任何協助天才的「理念」或「指南」。我之所以寫這個部落格，就是要彙整出自己對這方面的想法，盡可能拯救多一點天才，讓這套理論發揮更大的價值。

對企業我也是抱持相同想法。我在人才市場中最想做的事之一，就是向成長產業介紹優秀人才。日本有很多「出類拔萃卻沒沒無名的初創企業」，我深信支援他們就是幫助這個世界，卻一直沒有能力支援他們。託各位的福，我終於打造出幫這些初創企業募集人才的平臺。之後我也會努力朝這個目標前進。

關係中察言觀色，他們能從關係圖中看出誰是天才、誰是秀才，也能理解天才的想法。跟太宰治一起殉情的女人就是典型的例子。

很多天才因為不被世人理解而走上絕路。如果有「共鳴之神」願意理解他們、支持他們，他們就有力氣繼續活在世間。**共鳴之神是人際關係中的天才，所以才能成為天才的支柱。**

這是從「人格力」來看「世界進步機制」而得到的結果。

天才在共鳴之神的輔佐下才能好好創作，再由菁英超人和秀才將「重現力」帶入其作品中，然後由最強執行人引發大眾「共鳴」，讓世界不斷前進。

為什麼我要寫這些文章？

為什麼我要寫這個莫名其妙的部落格呢？

事情是這樣的。前陣子我跟一位上市企業的高層聊天，他問我：「北野先生，你寫那個部落格的目的究竟是什麼？你對現今的人資制度很不滿是嗎？」

對人資制度很不滿？說老實話，我對一般學生的就職輔導沒什麼特別的想法。因為就算我們不予以協助，也有其他單位提供相關的優質服務，我相信這些學生一定可以找到自己理想

幫助天才的共鳴之神

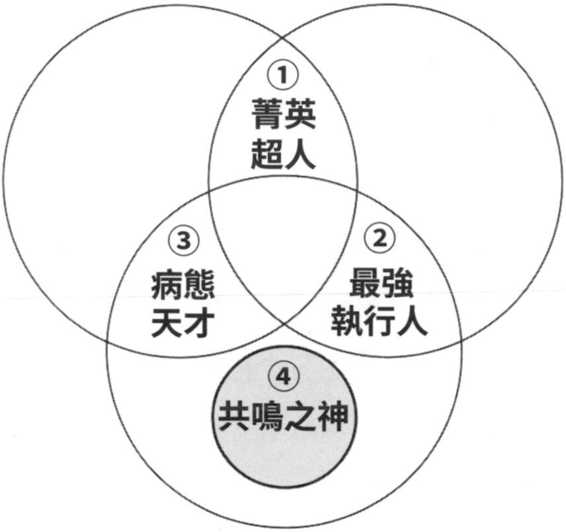

年喬王」。

對大企業而言，「喬事情」是非常重要的。每次要推陳出新時，都必須有人到各部門商量調和。天才雖然擁有「創造力」，卻不太會「重現」與「共鳴」，所以很難說服一般人。也因為這個原因，天才很需要「願意在背後支持年輕才子的人」，也就是所謂的「喬王」。

我從以前就是這麼想的。有些凡人是**「共鳴之神」**，他們擁有高度共鳴力，能夠看出誰是天才。共鳴之神很懂得在人際第一種人是**「菁英超人」，他們擁有優越的創造力和邏輯力**，但完全不懂共鳴。要比喻的話，就像在投資銀行上班的那些人。

第二種人是**「最強執行人」，這種人非常精明能幹**，什麼都難不倒他們。「最強執行人」講邏輯，但也會顧慮別人的心情。這種人是公司的王牌菁英，最能夠領導他人。（也最受歡迎）

最後一種是**「病態天才」，簡單來說就是曇花一現的創作者**。他們擁有高度創造力，同時也擁有共鳴力，所以能理解凡人的心情，懂得體貼他人。因此，病態天才通常能夠創造出爆紅作品。但因為缺乏「重現力」，所以很容易大起大落，以至於最後不是自殺就是生病。

在這「三種使者」的努力下，這個世界才尚未崩毀。

拯救天才的「共鳴之神」：大企業不可欠缺的「年輕才子與中年喬王」

前陣子我跟一位在「超大企業」工作的人聊天，過程中我發現一件有趣的事。

大企業要創新必須有兩種人，一是「年輕才子」，二是「中

防止溝通鴻溝的「三種使者」

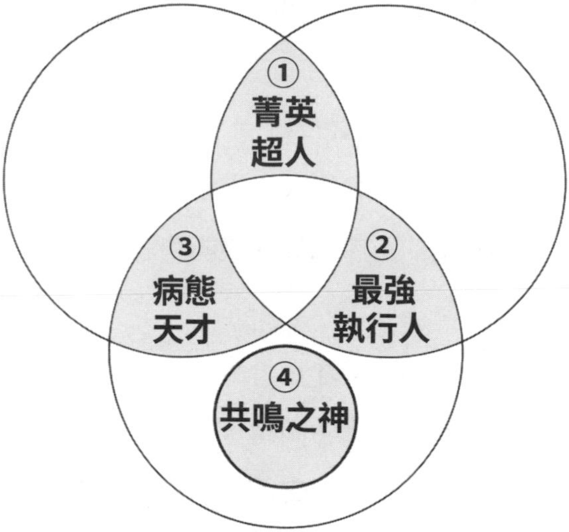

新理論」，從人類的力量解釋結構。

那麼我們該怎麼做呢？要怎麼保護天才呢？

照理來說，天才、秀才、凡人大多都是能互相合作的。很多時候，他們要表達的是同一件事，只是溝通的「軸心」不同。因此，**若因為「溝通鴻溝」而導致天才死亡，實在是很不值得。**

防止世界崩毀的「三種使者」

有三種人可防止溝通出現鴻溝。

我們可透過觀察社會的「反彈量」，
來預測某種程度的「創造力」

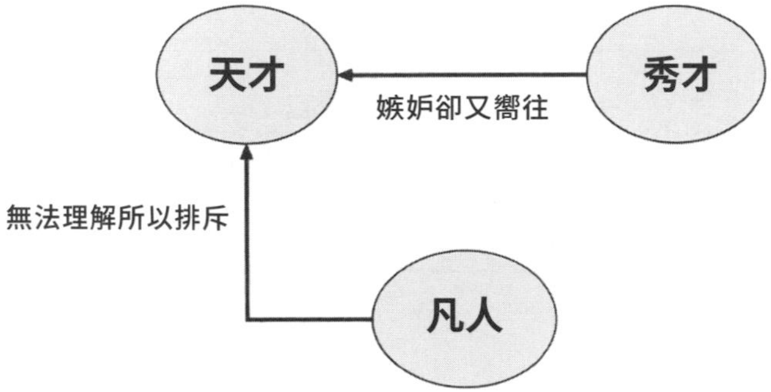

創造性。

舉個好懂的例子，像 Airbnb、Uber、iMac……這類創新科技服務剛問世時，絕大多數都差點遭到凡人扼殺。有人說「優秀的藝術必須令人心生『恐懼』」，也是這個道理。也就是說，我們可透過凡人的情緒反應來間接觀測「創造力」。

用商業語言來說，就是**企業要從事破壞式創新，必須將 KPI 放在「反彈的量與強度」上**。然而一般企業都做不到，為什麼呢？因為大企業是在大量凡人（普通人）的支撐下運作，若將 KPI 放在反彈量來加快創新速度，很有可能自毀公司。這是克雷頓（Clayton M. Christensen）所提出的「破壞式創

項目	創造力	重現力	共鳴力
商業價值鏈	創造	擴大	變現
角色	天才	秀才	凡人
測量價值的指標	？？？（沒有適用的KPI）	事業KPI（CVR、LTV、生產力等程序KPI）	財務／會計KPI（損益表、資產負債表上的KPI）

隨著經濟學的發展，這些程序已十分科學。（詳情請參考上方表格）

問題在於「創造」。

我們沒有衡量一個人「是否為天才」的指標。

創造無法直接觀測，但可以用凡人的「反彈量」來間接衡量

就結論而言，「創造力」是無法直接觀測的。因為「創造」沒有輪廓，無法套用既有的框架。

雖說如此，我們還是可以用社會的「反彈量」來間接衡量

人物或想法感到共鳴」。

也就是說，天才和凡人的「軸心」存有根本上的差異。

照理來說，「軸心」是不分優劣的，但問題在於「人數差距」。凡人的數量遠遠大於天才，雙方人數差了幾百萬倍。也因為這個原因，**只要凡人有心，要殺了天才是輕而易舉。**

歷史上的耶穌基督就是最典型的例子。

大企業之所以無法創新，是因為用同一個 KPI 來衡量三個「軸心」

這也是最近大企業無法創新的原因，因為他們「用同一個 KPI 來衡量三個軸心」。

以前我還在大企業擔任會計財務時，曾幫公司策劃一場「創新大賽」。但在過程中，我總覺得哪裡怪怪的說不上來，現在才終於知道是哪裡不對勁。

創新事業「絕對無法」用既有的 KPI 來衡量。

所有偉大的生意都要經過「創作→擴大→變現」這三道程序，每個程序適用的 KPI（Key Performance Indicator）都不一樣。其中「擴大」和「變現」兩個階段的 KPI 比較具體好懂。

擴大可用「事業 KPI」，變現則可用「財務 KPI」衡量。

天才、秀才、凡人的「軸心」差異

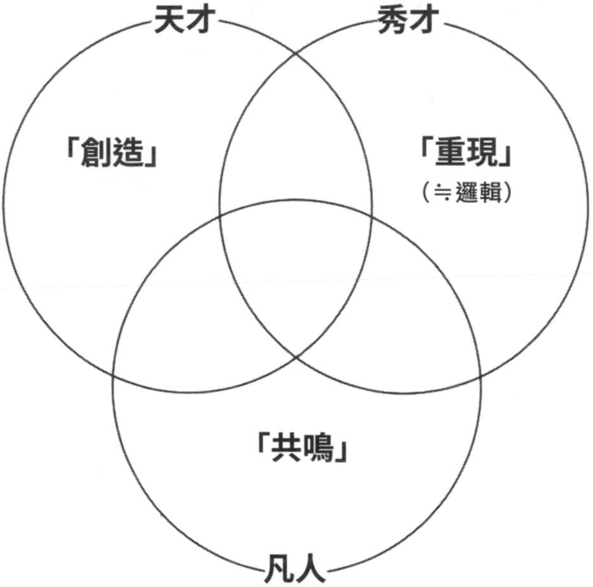

因「軸心不同」而產生的溝通鴻溝，就有如「平行線」一般沒有交集。

天才、秀才、凡人在「軸心」上存有根本上的差異。

天才以「創造」為軸心評價事物，秀才以「重現（≒邏輯）」為軸心，凡人則以「共鳴」為軸心。

說得具體一點，**天才的評價基準為「站在讓世界變好的角度而言，是否具有創造性」；凡人的評價基準則是「能否對該**

設法排擠他們。這個天才與凡人之間的溝通鴻溝，正是凡人殺死天才的主要原因。

溝通鴻溝起於「軸心與評價」兩個基準

溝通鴻溝起於「軸心與評價」兩個基準。

- **軸心……判斷價值的前提。絕對基準。**
- **評價……基於軸心給出「好」或「壞」等評價。相對基準。**

舉例來說，你很喜歡足球，你的朋友卻討厭足球。

你們兩人為此吵了起來，**這就是「評價」所引發的溝通鴻溝**。關鍵在於你們是否能對對方的想法產生「共鳴」。如果對「支持鹿島鹿角隊」有所共鳴，那就是「好」；沒有共鳴，那就是「壞」。

然而，人的「評價」是會改變的。

假設你花了一整個晚上，用簡報向朋友講述鹿島鹿角隊的魅力，他可能就會對你的想法產生共鳴。這時「評價」就會出現改變。

「好壞評價」是相對基準，「以能否共鳴來決定」則是絕對基準。「評價」會因對話而改變，「軸心」則不會。因此，

[三方的關聯性]

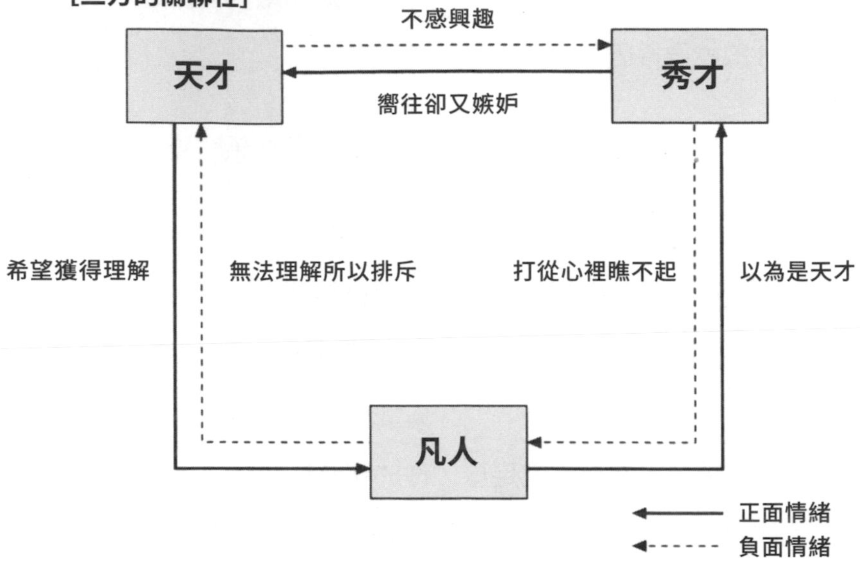

首先，天才對秀才「不感興趣」，**但意外的是，他們卻「希望能夠獲得凡人理解」**。

為什麼呢？因為天才的功能是驅動世界前進。要做到這一點，一定要有「凡人」的協助。再加上，商場上的「成功人士」絕大多數都是凡人，且很多天才從小就受到凡人的欺壓凌辱，所以很渴望凡人能夠理解他們。

相反的，**凡人對天才都很冷淡。**

在天才做出成果前，凡人無法發現他們是天才，所以總是

為什麼凡人能殺死天才？

——我們該如何保護「天才」遠離社會的傷害？

「這個社會是如何剝奪人們的創造力呢？」

在這個世界上，有些人被稱為天才。

先不論結果好壞，他們大多都能驅動世界前進。可是，很多天才都在改革的過程中被人殺死。這裡的「殺死」包含物理上的死亡，以及精神上的扼殺。

我從以前就很想解開這套殺害機制，耗費一番苦心，如今終於有了眉目。

凡人有時會殺死天才，**其中百分之九十九點九的原因都出自「溝通上的鴻溝」，而大企業之所以無法創新，也是基於同樣道理。**

這是怎麼一回事呢？

「天才、秀才、凡人關係圖」

經整理後，天才、秀才、普通人（凡人）的關係圖如下——

國家圖書館出版品預行編目資料

天才滅絕的職場：殘酷的職場人性法則，是如何扼殺我們的才能？ / 北野唯我著；劉愛夌譯. -- 初版. -- 臺北市：平安文化, 2022.01　面；　公分. --（平安叢書；第 702 種）(邁向成功；85)
譯自：天才を殺す凡人　職場の人間関係に悩む、すべての人へ
ISBN 978-986-5596-54-5（平裝）

1. 職場成功法 2. 人際關係

494.35　　110020563

平安叢書第 702 種
邁向成功 85

天才滅絕的職場

殘酷的職場人性法則，是如何扼殺我們的才能？

天才を殺す凡人
職場の人間関係に悩む、すべての人へ

作　　者—北野唯我
譯　　者—劉愛夌
發 行 人—平雲
出版發行—平安文化有限公司
台北市敦化北路 120 巷 50 號
電話◎ 02-27168888
郵撥帳號◎ 18420815 號
皇冠出版社（香港）有限公司
香港銅鑼灣道 180 號百樂商業中心
19 字樓 1903 室
電話◎ 2529-1778　傳真◎ 2527-0904
總 編 輯—許婷婷
責任編輯—陳思宇
美術設計—江孟達、李偉涵
著作完成日期— 2019 年
初版一刷日期— 2022 年 01 月

法律顧問—王惠光律師

讀者服務傳真專線◎02-27150507
電腦編號◎368085
ISBN◎978-986-5596-54-5
Printed in Taiwan
本書定價◎新台幣 340 元 / 港幣 113 元